浙江省普通本科高校"十四五"

化学工业出版社"十四五"普通高等教育规划教材

酶 工 程

Enzyme
Engineering

王素芳　主编

化 学 工 业 出 版 社

· 北 京 ·

内容简介

《酶工程》是浙江省普通本科高校"十四五"重点立项建设教材项目之一。全书包括绪论、酶的应用、酶活力测定、酶的分离纯化与制剂制备、新酶的筛选与异源表达、酶分子修饰、酶的固定化、酶反应器和酶的非水相催化等,共 9 章。根据学科发展及行业需求,特别编写了酶的连续测定及多学科交叉部分知识,如"数据库挖掘新酶基因"等内容。

本书以"学生为中心,产出导向,持续改进"为编写理念,进行了纸质内容和数字资源的一体化设计。本书可供高等学校生物技术、生物工程等生物类专业的师生作为教材使用,也可作为相关领域的科研工作者和工程技术人员的参考用书。

图书在版编目(CIP)数据

酶工程 / 王素芳主编. -- 北京 : 化学工业出版社,
2025. 1. --(化学工业出版社"十四五"普通高等教育
规划教材)(浙江省普通本科高校"十四五"重点立项建
设教材). -- ISBN 978-7-122-47594-7

Ⅰ. Q814

中国国家版本馆 CIP 数据核字第 2025FG6850 号

责任编辑:李建丽 刘丽菲   文字编辑:刘洋洋
责任校对:宋 玮   装帧设计:张 辉

出版发行:化学工业出版社
        (北京市东城区青年湖南街 13 号 邮政编码 100011)
印   装:大厂回族自治县聚鑫印刷有限责任公司
787mm×1092mm 1/16 印张 9½ 字数 219 千字
2025 年 6 月北京第 1 版第 1 次印刷

购书咨询:010-64518888   售后服务:010-64518899
网   址:http://www.cip.com.cn
凡购买本书,如有缺损质量问题,本社销售中心负责调换。

定   价:39.00 元   版权所有 违者必究

《酶工程》编者名单

主　　编：王素芳　浙江万里学院

副主编：牛莉莉　上海大学

编　　者（按姓名汉语拼音排序）：

包永波　浙江万里学院

贾江花　美康生物科技股份有限公司

彭志兰　浙江万里学院

谭志文　浙江万里学院

汪　屹　美康生物科技股份有限公司

肖　玲　浙江万里学院

章玉胜　美康生物科技股份有限公司

前言

　　酶工程是在酶的生产与应用过程中，酶学与化学工程、基因工程和微生物学等技术相结合而产生的一门技术科学，是现代生物技术与生物工程的重要组成部分。利用酶工程技术生产的酶制剂已广泛应用于医药、食品、化工、农业、环保和能源开发等领域，创造了显著的社会和经济效益。随着低碳经济的发展和绿色制造需求的日益增加，酶制剂的应用领域将不断拓展。酶工程已成为高等院校生物技术、生物工程等生物相关专业的必修或重要选修课程。

　　本教材是浙江省普通本科高校"十四五"重点立项建设教材项目之一，充分展现出纸质教材体系完整、数字化资源呈现多样和服务个性化等特点，知识体系相互配合、相互支撑。在借助纸质教材完成基础知识的有限呈现后，采用二维码链接数字化教学资源，方便使用者随扫随学。数字化资源包括两大类：一是各章节的实践及创新活动、产出评价等"产出导向"教学实施的相关材料，方便任课教师开展"产出导向"教学；二是图片、视频等学习资源，方便学生获得更好的教学支持和学习体验。本书配套的课件、产出评价实施办法及答案等内容，仅教师可见，教师可扫描封底的"化工教育"小程序，获取更多的教学资源。

　　本教材以"学生为中心，产出导向，持续改进"为编写理念。在章节安排上，本教材与已出版的大部分酶工程教材不同。本教材将"酶的应用"放在了第2章，使学生通过了解酶的应用领域、使用形式和使用中存在的问题，提升学习酶工程技术的兴趣。然后，再重点介绍为了更好地应用酶需要掌握的酶工程技术，如酶活力测定、酶的分离纯化与制剂制备、新酶的筛选与异源表达、酶分子修饰、酶的固定化、酶反应器和酶的非水相催化等。

　　本书由王素芳（浙江万里学院）担任主编，编写或共同编写了本书的大部分内容。牛莉莉（上海大学）担任副主编，主要编写了"2　酶的应用"和"5　新酶的筛选与异源表达"。谭志文（浙江万里学院）主要编写了"7　酶的固定化"，贾江花（美康生物科技股份有限公司）、汪屹（美康生物科技股份有限公司）、章玉胜（美康生物科技股份有限公司）和包永波（浙江万里学院）参编了"2　酶的应用"、"3　酶活力测定"、"4　酶的分离纯化与制剂制备"、"5　新酶的筛选与异源表达"和"6　酶分子修饰"等章节，谭志文（浙江万里学院）、肖玲（浙江万里学院）和彭志兰（浙江万里学院）参与编写了各章节的实验项目。鲁煊和、周逸然等同学为本教材做了大量的文字整理、校对工作。在此，对他们的付出表示衷心的感谢。

本教材适合普通本科生物技术、生物工程、生物制药等专业的学生使用，也可作为相关专业的研究生、教学工作者、科研工作者和工程技术人员的参考用书。

由于编者能力有限，书中难免存在疏漏与不足之处，敬请各位读者对书中的缺点和不足提出宝贵意见，谢谢！

编　者
2025 年 1 月

目录

1 绪论

知识目标：理解酶的定义、特点和命名规则；了解酶工程发展过程。

能力目标：了解酶工程发展过程、现状和前景，能用酶工程术语描述酶行业中的问题；能从网络上获取信息，并在一定程度上进行分析得出结论，并能按正确的格式撰写总结报告。

素质目标：了解酶的认识过程，体会事物认知规律、科技进步对社会的意义；培养科学研究所需的质疑精神，能不畏权威、坚持可靠结论；提升社会责任感及自主学习和终身学习的能力。

生物与非生物的本质区别在于生物具备新陈代谢。新陈代谢是由无数错综复杂的生化反应构成，而酶则是这些反应的催化剂。可以说，酶是新陈代谢的核心要素，没有酶，新陈代谢便无法进行，生命活动也将终止。

酶不仅对生命至关重要，在日常生活中也发挥着广泛作用。纺织工业里，牛仔裤常用酶处理，以获得独特的水洗效果；洗涤产品中，加酶洗衣粉凭借酶的作用，显著提升去污能力；食品饮料行业，从甜味剂、酸味剂的制备，到饮品的澄清、发酵，酶都参与其中。

鉴于酶的广泛应用，酶的生产成为重要研究课题。随着酶生产与应用技术的发展，酶工程应运而生，并逐渐成为现代生物技术领域的关键学科。

1.1 酶学基础知识

1.1.1 酶的概念及其认识过程

酶（enzyme）是指具有催化功能的生物大分子（包括蛋白质及核酸）。绝大部分的酶是蛋白质，称为蛋白类酶，少数的酶是核酸，包括核糖核酸（RNA）和脱氧核糖核酸（DNA），称为核酸类酶（ribozyme）。关于酶本质的认识经历了一个长期而复杂的过程。

我们的祖先在几千年前就已经在食品生产和疾病研究等领域不自觉地利用酶。例如，在公元前 21 世纪的夏禹时代，人们就掌握了酿酒技术；在公元前 12 世纪的周代，已经能制作饴糖和酱；在春秋战国时期，就懂得用曲治疗消化不良等。特别是人们在酿酒过程中，逐渐认识到酒曲中的微小生物对酒的产生非常重要，正是这些微小的生物使粮食"败坏"，产生了酒，将其称为"酒的母亲"，并进一步创造了"酶"字。1716 年编纂完成的《康熙字典》收

延伸阅读

录了《五音集韵》中对"酶"的解释:"酶,酒母也。""酉"表意,最早见于商代甲骨文,其本义是酒器(酒坛子),后引申指酒;"每"表声,本与母同字(图 1-1)。受汉文化影响,古代日本将其称为"酵素",与中国的"酒母"之意类似。

随着时间的推移,人们对酿酒的认识也在逐步加深。1810 年,Jaseph Gaylussac 研究发现,将糖转化为酒精的是酒曲中的酵母;47 年后,微生物学家巴斯德(Pasteur)进一步提出能将糖发酵生成酒精的是酵母活细胞中的一种物质。1878 年,生理学家库尼(Kühne)将这种物质定义为"ενζυμον"(希腊文,词义为"在酵母中"),翻译成英文即"enzyme",比中国的"酶"的定义晚了 100 多年。1897 年,德国化学家巴克纳(Buchner)兄弟把酵母细胞放在石英砂中研磨,加水搅拌,加压过滤后得到不含酵母的提取液,这些汁液也可使葡萄糖变成酒精。这表明酶不仅在细胞内,在细胞外也可进行催化作用。后来,Buchner 因此项研究获得了诺贝尔化学奖。此后,"enzyme"一词用以表示已知的各种"unorganized ferments(非有机组织发酵素)"。

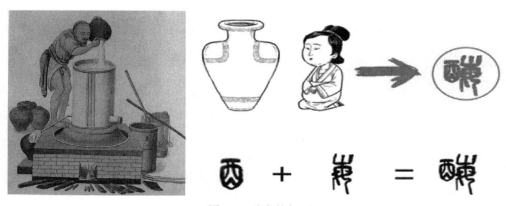

图 1-1　酶字的起源

经过漫长的应用及研究,人们逐渐认识到酶是生物体产生的具有催化功能的物质。其化学本质到底是什么?这是 20 世纪初期酶学研究和争论的中心问题。1920 年,著名生物学家、诺贝尔化学奖获得者威尔斯塔特将过氧化物酶纯化了 12000 多倍,样品的酶活性已很高但仍检测不到蛋白质,在此情况下做出了酶不是蛋白质的论断。由于这种结论出自当时的权威人士之口,人们信以为真,在一定程度上阻碍了人们对酶本质的认识。

1926 年,美国生化学家萨姆纳(Sumner)从刀豆种子中提取出脲酶并得到结晶,这种结晶溶于水后能够催化尿素分解为氨和二氧化碳,并通过化学实验证明其是蛋白质。然而,当时萨姆纳在科学界还是一个"无名小卒",人们并不太相信他的结论,直到 1930—1936 年,Northrop 和 Kunitz 得到胃蛋白酶、胰蛋白酶、胰凝乳蛋白酶等酶的晶体,并用相应方法证明酶是蛋白质后,"酶是生物体产生的具有催化功能的蛋白质"才被人们普遍接受。1946 年,Sumner 和 Northrop 获得了诺贝尔化学奖。

延伸阅读

20 世纪 80 年代,核酶的发现,从根本上改变了以往只有蛋白质才具有催化功能的观念。1982 年,切克(Cech)等研究原生动物四膜虫 rRNA 时首次发现,其可在无任何蛋白质存在的情况下发生 I 型内含子剪切和外显子拼接过程,证明了某些 RNA 也具有催化功能(图

1-2）。为区别于传统的蛋白质催化剂，Cech 给这种具有催化活性的 RNA 定名为核酶。1983 年 Altman 等人在研究大肠杆菌 RNaseP 时发现，除去其蛋白质部分后，剩下的 RNA 部分也具有切割 rRNA 前体的功能。为此，Cech 和 Altman 获得了 1989 年的诺贝尔化学奖。四位诺贝尔奖获得者如图 1-3 所示。

知识拓展

图 1-2　四膜虫前体 rRNA 的自我剪接功能

直线表示外显子部分，波浪线代表 I 型内含子部分

（a）鸟苷酸的 3′-OH 攻击 IVS 的剪接位点；（b）鸟苷酸与外显子 3′ 端的 UpA 的 U 共价相连，5′ 外显子中的 3′-OH 攻击 IVS 3′ 端剪接位点 GpU；（c）2 个外显子通过 UpU 相连，I 型内含子被切除；（d）IVS 分解成环状部分和线状部分

20 多年的研究表明，核酸类酶具有完整的空间结构和活性中心，具有独特的催化机制和很高的底物专一性，具有生物催化剂的所有特征。"酶是生物体产生的具有催化功能的生物大分子（蛋白质和 RNA）"已被人们普遍接受。

图 1-3　诺贝尔奖获得者 Sumner、Northrop、Cech 和 Altman

部分 RNA 具有催化活性，那与之类似的 DNA 是否有催化活性呢？自发现 RNA 具有催化活性后，学术界一直在探索具有催化功能的 DNA，即脱氧核糖核酸酶（DNAzyme）。1994 年 12 月，乔伊斯（Joyce）等报道，人工合成的单链 DNA 能水解特定磷酸二酯键。1995 年我国学者王身立等发现，从多种生物中提取的 DNA 具有酯酶活性。1997 年，Santoro 和 Joyce 通过体外筛选的方式获得 DNA 酶 10-23。10-23 能够在 Mg^{2+} 存在下切割靶标 RNA。它含一个 15 个核苷酸构成的催化结构域，该结构域的两侧为底物结合臂，底物结合臂能使 10-23 精确识别靶标 RNA，底物结合臂的长度可根据 RNA 底物的序列而变化。当 10-23 与底物结合后，在预定的嘌呤-嘧啶连接处进行 RNA 切割，并且在 G-U 二核苷酸处观察到最

高的剪切活性，如图 1-4。在当前所研究的 DNA 酶中，G-四链体（G4）/血红素（hemin）DNA 酶是颇受重视的"明星"。G4 具有稳定性高、构象丰富、可设计性强、生物相容性好等优点，且在生命体中广泛存在，因而备受关注。虽然 G4/hemin DNA 酶在生命分析化学、核酸纳米技术等领域应用广泛，但是受限于催化活性低、机理不清等瓶颈问题，近些年研究进展和应用拓展相对缓慢。针对上述科学问题，南京大学鞠熀先、周俊团队基于对 G4 结构的深刻理解（*J. Am. Chem. Soc.*, 2017, 139, 7768-7779）和精确的理论计算设计构建了嗜热型高活性 DNA 酶，通过调变 G4 结构以优化 DNA 与 hemin 相互作用的微环境，提高了 G4/hemin DNA 酶活性，使其活性达到了和最适条件下天然蛋白酶同等数量级的水平。可见，酶是生物体产生的具有催化功能的生物大分子，不仅包括蛋白质和 RNA，还包括 DNA。

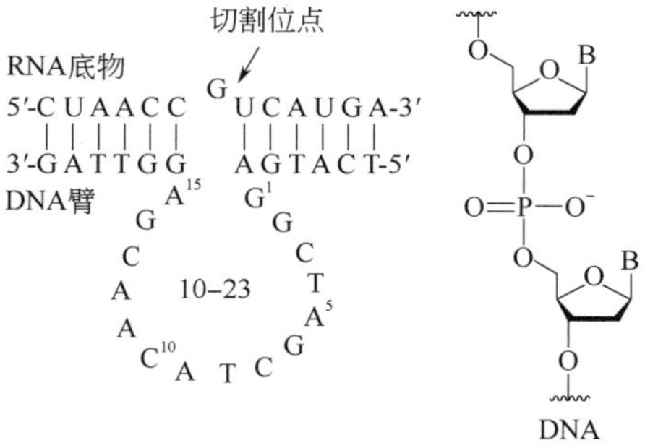

知识拓展

图 1-4   10-23 切割 RNA 底物

1.1.2　酶催化作用的特点

酶作为生物催化剂，具有一般催化剂的特征：

① 能加快化学反应的速度而本身在反应前后没有结构和性质的改变；

② 降低反应的活化能，加快化学反应速率，缩短达到平衡的时间，但不改变平衡点。

但酶作为一种生物大分子，又具有催化效率高、专一性强、反应条件温和和可调节等特点。

1.1.2.1　催化效率高

酶催化反应的速率比非催化反应高 $10^8 \sim 10^{20}$ 倍，比非生物催化剂高 $10^7 \sim 10^{13}$ 倍。如过氧化氢酶催化过氧化氢分解的反应，若用铁离子作为催化剂，反应速率为 6×10^{-4} mol/mol（以催化剂计）；若用过氧化氢酶催化，反应速率为 6×10^6 mol/mol。

1.1.2.2　专一性强

酶对底物及催化的反应有严格的选择性（专一性），通常一种酶仅能作用于一种物质或一类结构相似的物质发生一定的化学反应。酶的专一性可分为绝对专一性、相对专一性（包括对键的专一性和对基团的专一性）、立体异构专一性（包括旋光异构专一性和几何异构专一性）。

1.1.2.3　反应条件温和

酶催化与非酶催化的另一个显著差别是酶催化作用的条件温和。酶催化反应不像一般催化剂需要高温、高压、强酸、强碱等剧烈条件，一般在常温、常压、pH 近中性条件下进行，这有利于节省能源、减少设备投资，优化工作环境和劳动条件，符合"绿色化学""环境友好制造"的工业发展目标。酸糖化法和酶糖化法生产葡萄糖的比较见表 1-1。

表 1-1　酸糖化法与酶糖化法生产葡萄糖的对比

对比项	酸糖化法	酶糖化法
原料淀粉	需高度精制	不必精制
水解率	约 90%	98% 以上
设备要求	需耐酸耐压（pH2.0，0.3MPa）	不需耐酸耐压（pH4.5，常温，常压）
温度	140～150℃	55～65℃
糖化液状态	有强烈苦味，色泽深	无苦味与色素生成
收率	结晶收率 70%	结晶收率 80%，全糖收率 100%

1.1.2.4　酶的催化活性可调节

酶的催化活性可调节控制，这是酶区别于一般催化剂的一个重要特性。酶在体内外受到多种因素的调节和控制，不同的酶调节方式也不同，包括抑制剂的调节、反馈调节、酶原激活、共价修饰、激素控制等。结合酶类的催化活力与辅酶、辅基、金属离子有关，若将它们除去，酶就会失活。同时，酶也常因温度、pH 的轻微改变或抑制剂的存在发生活性改变。

1.1.2.5　酶易失活

酶是生物大分子，对环境的变化非常敏感，强酸或强碱、重金属、紫外线、剧烈振荡等引起蛋白质变性的条件，都能使酶丧失活性。

1.1.3　酶的催化机制

早在未确定酶是蛋白质之前，一些科学家就开始对其催化机理进行了研究，提出了著名的酶催化学说，成为酶催化理论研究的基础。19 世纪90 年代，德国有机化学家 E. Fisher 开始潜心研究酶催化的基础内容，提出了著名的酶与底物作用的"锁钥学说"，用于解释酶作用的立体专一性。20 世纪初，A. Brown（1902 年）和 V. Henri（1903 年）分别提出了酶的中间产物学说，认为酶的高效催化效率是由于酶首先与底物结合，生成不稳定的中间复合物，然后分解为反应产物而释放出酶。1913 年，德国生化学家 L. Michaelis 和 M.Menton 根据中间产物学说提出了"快速平衡学说"，推导出了酶促反应动力学的基本原理——米氏方程，这对酶反应机制的研究是一个重要突破。1925 年，G. E. Briggs 和 B. S. Haldane 对米氏方程作了重要修正，提出了"稳态学说"。1958 年，D. E. Koshland

知识拓展

知识拓展

提出了"诱导契合学说"，以解释酶的催化理论和专一性。1961 年，J. Monod 等提出了"变构模型"用以定量解释有些酶的活性可以通过结合小分子进行调节，从而提供了认识细胞中许多酶调控作用的基础。

1.1.4　酶的分类与命名

迄今为止，发现的酶已达近万种，新酶还在不断被发现。为了准确地识别某一种酶，要求每一种酶都有准确的名称和明确的分类。酶有蛋白类酶和核酸类酶两大类别，这两类酶分类与命名的总原则相同，都是根据酶的作用底物和催化反应的类型进行分类和命名的。

1.1.4.1　蛋白类酶

1961 年，国际酶学委员会颁布了第一个版本的酶的分类和命名法，此后不断对其进行补充和完善。根据国际酶学委员会的建议，每一种具体的酶都有其推荐名称和系统名称。酶的推荐名称一般由两部分组成：第一部分为底物名称，第二部分为催化反应的类型，后面加一个"酶"字（英文后缀为-ase）。不管酶催化的反应是正反应还是逆反应，一般用同一个名称。例如，葡萄糖氧化酶，表明该酶的作用底物是葡萄糖，催化的反应类型属于氧化反应。对于水解酶类，在推荐命名时可以省去说明反应类型的"水解"字样，只在底物名称之后加上"酶"字即可，例如，淀粉酶、蛋白酶、乙酰胆碱酶等；必要时还可以再加上酶的来源或其特性，如木瓜蛋白酶、酸性磷酸酶等。

习惯命名法不够系统、不够准确，难免会出现"一酶多名"和"一名多酶"现象。酶的系统命名法则相当严格，一种酶只能有一个系统名称和系统编号。酶的系统名称包括了酶的作用底物、酶作用的基团及催化反应的类型。例如，上述葡萄糖氧化酶的系统命名为"β-D-葡萄糖：氧化还原酶"。系统编号采用四码编号，如葡萄糖氧化酶的系统编号为：EC 1.1.3.4。EC 代表国际酶学委员会，编号中的第一个数字表示该酶属于六大类中的哪一类；第二个数字表示该酶属于大类中的哪一亚类；第三个数字表示该酶属于亚类中的哪一小类；第四个数字表示该酶在小类中的排序。1961 年，国际酶学委员会根据催化的化学反应，将酶分成了六大类，包括：氧化还原酶类（EC 1）、转移酶类（EC2）、水解酶类（EC3）、裂合酶类（EC4）、异构酶类（EC5）、连接酶类（EC6）。2018 年，国际酶学委员会在原来六大类酶的基础上又增加"易位酶"为第七大类酶。易位酶是催化离子或分子跨膜转运或在细胞膜内易位反应的酶。目前，泛醇氧化酶（EC 7.1.1.3）、ABC 型硫酸转运体（EC 7.3.4.3）、抗坏血酸铁还原酶（EC 7.2.1.3）等酶都归为易位酶类。

延伸阅读

1.1.4.2　核酸类酶

核酸类酶通常也是按照酶的作用底物、酶催化反应类型和酶结构特点的不同进行分类和命名的。根据酶催化的底物是其本身 RNA 分子还是其他分子，可以将核酸类酶分为分子内催化（也称为自我催化）和分子间催化两类，根据酶催化反应的类型，可以将核酸类酶分为剪切酶、剪接酶和多功能酶等 3 类。

分子内催化核酸类酶是指催化本身 RNA 分子进行反应的核酸类酶。由于这类核酸类酶催化的是自身，所以也被冠以"自我"的字样。该大类酶包括自我剪切酶和自我剪接酶两个亚类，都是 RNA 的前体。自我剪切酶是在一定条件下进行自我催化使 RNA 前体生成成熟的 RNA 分子，自我剪接酶是在一定条件下催化本身 RNA 分子进行剪切和连接反应的核酸类酶。

分子间催化核酸类酶是催化其他分子进行反应的核酸类酶。根据作用的底物分子的不同，可以分为如下若干亚类：RNA 剪切酶、DNA 剪切酶、多肽剪切酶、多糖剪接酶、多功能核酸类酶。多功能核酸类酶可催化其他分子进行多种反应，例如，L-19 IVS 是一种多功能核酸类酶，能够催化其他 RNA 分子进行下列多种类型的反应：

RNA 剪接作用	$2CpCpCpCpC = CpCpCpCpCpC + CpCpCpC$
末端剪切作用	$CpCpCpCpC = CpCpCpC + Cp$
限制性内切作用	$\cdots CpUpCpUpGpN\cdots = \cdots CpUpCpUp + GpN\cdots$
转磷酸作用	$CpCpCpCpCpCp + UpCpU = CpCpCpCpCpC + UpCpUp$
去磷酸作用	$CpCpCpCpCpCp = CpCpCpCpCpC + Pi$

蛋白类酶和核酸类酶的组成和结构不同，各自的分类和命名又有所区别，两者的显著区别之一是蛋白类酶只能催化其他分子进行反应，而核酸类酶既可以催化本身分子也可以催化其他分子进行反应。

1.2 酶工程

酶工程（enzyme engineering）是在酶的生产与应用过程中，酶学与化学工程技术、基因工程技术、微生物学技术相结合而产生的一门新的技术科学。在 1971 年第一届国际酶工程会议上得到命名。它从应用目的出发，研究酶的生产、改造以及在工农业、医药卫生和理论研究等方面的应用。酶工程作为生物工程中必不可少的重要组成部分，不但受到生物化学、生物化工等领域的工作者的重视，也日益受到其他各领域内研究者的关注。

1.2.1 酶工程的发展简史

酶工程是在酶的生产和应用过程中逐步形成并发展起来的学科。1894 年，日本的高峰让吉首先从米曲霉中制备得到"高峰淀粉酶"，用作消化剂上市发售，开创了近代酶的生产和应用的先例；此后，德国的罗姆（Rohm）从动物胰脏中制得胰酶，用于皮革的软化；法国的波伊定（Boidin）制备得到细菌淀粉酶，用于纺织品的退浆；沃勒斯坦（Wallerstein）从木瓜中获得木瓜蛋白酶，用于啤酒的澄清。但在 20 世纪最初的半个世纪里，酶的生产仅停留在从动植物原料中提取酶并加以应用的阶段。由于受到原料来源和分离纯化技术的制约，大规模的工业化生产受到一定限制。

一般认为，现代酶工程技术始于 20 世纪 40 年代采用深层液体发酵技术成功生产 α-淀粉酶。此后，许多酶制剂都采用微生物发酵法生产。由于微生物种类繁多，生长繁殖迅速，发酵过程便于管理，酶的大规模生产得以发展。同时，在 50 年代，采用葡萄糖淀粉酶催化淀粉水解生产葡萄糖的新工艺研究成功，取代了原来葡萄糖生产中采用的高温、高压、酸水解工艺，使淀粉的得糖率由 80% 上升到 100%，大大推动了酶在工业上的应用。这一时期，酶制剂生产开始走向规模化，并被广泛地应用于食品、轻工、化工、医药等领域。

酶具有催化效率高、专一性强、作用条件温和等显著特点，但在酶使用过程中，人们也发现酶存在各种不足，如稳定性差、具有抗原性、难以重复使用等。为此，科技工作者在这方面作了不懈努力，以使酶的催化特性更加符合人们的使用要求。

20世纪60年代，酶固定化技术的诞生，使酶制剂的应用面貌焕然一新。1969年，首次在工业生产规模应用固定化氨基酰化酶连续从合成的DL-氨基酸混合物中拆分L-氨基酸，开创了固定化酶应用的新局面，实现酶应用史上的一大变革。固定化技术改善了酶的稳定性，使酶在生化反应器中可以反复连续使用，极大地推动了酶工程技术的推广应用。从此，学者们开始用"酶工程"这个名词来代表酶的生产和应用的科学技术领域。1971年，在美国举行了第一届国际酶工程学术会议，会议的主题就是固定化酶。

二十世纪七八十年代，基因工程的迅猛发展极大地推动了酶工程的研究和应用，主要体现在以下几个方面：

① 采用基因重组技术生产酶（克隆酶）；
② 定点突变技术改变酶结构（突变酶），提高酶的催化性能，扩展酶的应用领域；
③ 设计新的酶基因，生产自然界从未有过的性能稳定、活性更高的新酶。

此外，1984年，美国克利巴诺夫（Klibanov）等在《科学》上发表了一篇关于酶在有机介质中催化条件和特点的论文，改变了酶只能在水溶液中进行催化的传统观念。此后，酶在非水相介质中催化的研究迅速发展。

21世纪以来，全世界投入大量资金及人力构建了基因组等海量的生物信息大数据库，为我们设计和合成新工业酶制剂，用于高效、低成本合成所需产品，提供了非常宝贵的资源和千载难逢的机遇。通过大数据挖掘、酶基因的人工合成及异源表达生产酶，有望成为未来酶生产的重要途径。

1.2.2　酶工程的主要内容

酶工程是指酶的生产、改性和应用的技术过程，其主要任务是经过预先设计、通过人工操作，生产人们所需要的酶，并通过各种方法改进酶的催化特性，并对其进行高效应用。

1.2.2.1　酶的生产

酶的生产是指通过人工操作而获得所需酶的技术过程。目前，可以从动植物原料中直接提取分离酶，也可以采用化学合成法合成酶。前者虽是最早采用且沿用至今的方法，但具有原料来源有限、成本高的缺陷，同时由于酶含量很低，不易进行大规模生产。化学法合成酶虽然有成功的例子，如1969年通过化学方法人工合成了含有124个氨基酸的活性核糖核酸酶。但是，化学合成的反应步骤多，成本高，一般只适用于化学结构清楚的短肽的生产。用化学合成法生产酶仍然处于实验室阶段。目前，生产酶的主要方法还是生物合成法（即利用动植物、微生物细胞合成生产酶），其中以微生物发酵法为主。微生物发酵产酶具有产量高、成本低和酶的品种齐全等诸多优势。在目前1000余种正在使用的商品酶中，大多数的酶都是利用微生物发酵法生产的。

挖掘与开发具有特殊特性和功能的新酶是当前酶生产领域的研究热点之一。极端微生物产生的酶能在极端环境下行使功能，将极大地拓展酶的应用空间，是建立高效率、低成本生物技术加工过程的基础，如深海微生

知识拓展

物及其酶资源越来越受到人们的关注。另外，利用宏基因组技术从不可培养微生物中直接获得酶基因也是开发新酶的重要途径之一。此外，生命科学技术的突破和海量基因组数据的积累和开放共享，也为我们设计和合成新工业酶制剂，用于高效、低成本合成所需产品，提供了非常宝贵的资源和千载难逢的机遇。酶的生产方式已从传统的动植物提取和微生物发酵，拓展至基于基因组数据挖掘、酶基因人工合成、定向进化改造及异源表达技术的多维度创新体系。

1.2.2.2　酶的改性

酶的改性是通过各种方法使酶的催化特性得以改进的技术过程，主要包括酶分子修饰和酶的固定化。

酶分子修饰是指通过各种方法使酶分子的结构发生某些改变，从而改变酶的某些特性和功能的过程。酶分子是具有完整的化学结构和空间结构的生物大分子，正是酶分子的完整空间结构赋予酶分子生物催化功能，但另一方面，也是酶的分子结构使酶具有稳定性较差、活性不够高和可能具有抗原性等弱点。因此，可通过改变酶分子结构改善酶的催化特性。早期，主要采用化学技术改变酶的主链、侧链或仅通过物理方法改变其空间构象。20世纪80年代，酶分子修饰与基因工程和蛋白质工程逐渐结合起来，通过定点突变技术，改变酶的基因序列，再经基因克隆和表达获得具有新的特性和功能的酶，使酶分子修饰展现出更广阔的前景。20世纪90年代以来，随着易错PCR技术、DNA重排技术等体外基因随机突变技术以及各种高通量筛选技术的发展，酶定向进化技术已经发展成改进酶催化特性的强有力的手段。

酶的固定化是指将酶固定在一定的空间范围内进行催化反应的技术过程。在酶的应用过程中，人们注意到酶的一些不足之处，如稳定性差（即使在最适条件下，随着反应时间的延长，往往也会很快失活，反应速度会逐渐下降），对强酸强碱敏感；反应后不能回收，只能使用一次；分离纯化困难，只能采用分批法生产等。通过化学或物理的手段将酶定位于限定的空间区域内，但仍能进行底物和效应物（激活剂或抑制剂）的分子交换，保持其活性。经固定化的酶既具有酶的催化性质，又具有一般化学催化剂能回收、反复利用的优点，在大多数情况下，也能提高酶的稳定性。因此，在生产工艺上能够实现连续化、自动化，提高酶的使用效率，降低成本。

1.2.2.3　酶的应用

酶的应用是通过酶的催化作用，获得人们所需的物质或获取所需信息的技术过程，包括酶反应器、酶的非水相催化及酶在各行业的应用等内容。

酶已广泛应用于工业、农业、医药、食品、能源和环保等领域。酶的用途及使用形式多样，主要有以下几种：

① 利用其催化特性在反应器中催化底物变成产物，大规模生产产品，如青霉素、果葡糖浆、氨基酸、啤酒等；

② 去除产品或水体中的不良物质或成分，如工业废水的处理，橙汁的去苦、去色等；

③ 在产品中添加以提高产品的功效，如加酶洗衣粉、加酶化妆品、生产过程中添加酶制剂生产的面包；

④ 作为口服或注射药物用于人体，治疗疾病，如天冬氨酸酶治疗白血病、尿激酶治疗心血管疾病；

⑤ 开发成酶活检测试剂盒或酶传感器，用于疾病诊断和环境监测，如糖尿病的诊断和环境水体的有机磷污染监测。

了解酶的应用形式及其存在的问题，对开发新型酶制剂具有重要的指引作用。

酶反应器是利用酶的催化能力工业化生产产品的容器及其附属设备，对酶生产的效率和产品质量有着重要的影响。

酶在非水介质中也能进行催化，而且与水溶液中酶的催化相比，酶在非水介质中的催化具有独特的优势：

① 稳定性好；

② 可进行在水溶液中无法进行的合成反应；

③ 提高手性化合物不对称反应的对映体选择性等特点。

目前，已利用酶可进行手性药物的拆分、高分子材料的合成、生物柴油的生产等。

随着酶制剂在工业、农业、医药及食品等领域的广泛应用，酶工程领域的研究维度与技术体系持续深化。据现有研究统计，自然界中已鉴定出的酶类约 5000 种，然而具备商业化应用价值的仅占少数，绝大多数天然酶仍面临开发利用率低下的困境。造成这一现状的核心制约因素主要体现在：①酶蛋白在异源环境中普遍存在结构稳定性不足的问题；②现有分离纯化技术面临收率低、步骤繁琐、经济性差等挑战。针对这些技术瓶颈，现代酶工程通过整合蛋白质工程与基因编辑技术，已发展出包括理性设计、定向进化在内的多种分子改造策略，不仅能够获得性能增强的工程化酶，还可创制具有全新催化功能的人工酶。这些技术突破不仅丰富了酶分子的资源库，更推动了酶工程从基础研究到产业应用的全面发展。

1.2.3　酶工程涉及的技术

酶工程是酶学与化学、生物学、工程技术等相结合而产生的一门新的技术科学，与化学、微生物学、基因工程、细胞工程、发酵工程和生化分离工程等有着密切的联系。

根据研究方法的不同，酶工程又分为化学酶工程和生物酶工程。化学酶工程是酶学与化学工程技术结合的产物，研究内容包括：从生物材料中分离纯化天然酶，通过对酶的化学修饰或固定化处理以改善酶的性质，以提高酶的催化效率和降低成本，或者通过化学合成法制造人工酶。生物酶工程是酶学和现代分子生物学技术相结合的产物，其主要研究内容是：以微生物、动植物细胞为生物反应器，通过细胞的大量生产生物合成酶，利用基因工程和蛋白质工程等技术提高天然酶的产量、性能（如具有新的生物活性及更高的催化效率等）或者设计新基因以合成自然界不存在的新酶。生物酶工程的研究进展得益于基因工程、蛋白质工程、结构生物学和生物信息学的不断发展。

> 思考：酶工程是以酶的应用为目的，围绕酶的应用发展起来的。酶的应用现状如何？应用中存在什么问题呢？

产出评价

自主学习

1. 查找国内外的酶制剂公司（至少国内外各 3 家），关注其实力、产品种类、酶的来源、生产方法等，结合以上资料分析国内外酶制剂产业现状。

　　2. 选择酶工程发展史上的一位著名科学家，介绍他的杰出发现及其背后的故事。

单元测试

单元测试题目

2 酶的应用

知识目标：熟悉酶在医药、食品、轻工、化工及环境保护等方面的应用现状和存在的问题，了解围绕应用发展起来的酶生产和改性技术。

能力目标：能查阅国内外相关文献，辨析酶相关产品、调研酶在不同领域的最新研究进展及应用等，并能按正确的格式撰写总结报告。

素质目标：增强生态保护观念，提高生态保护意识，理解以酶工程为关键技术的绿色生物制造对碳中和与碳达峰的贡献；了解我国科学家在酶工程领域所做出的一流贡献，深刻领悟我国科学家的家国情怀，以增强民族自信；了解酶制剂产业的现状与存在问题，提升学习酶工程的兴趣和服务社会的责任感。

随着酶工程技术的不断进步，新的酶种被发现。截至 2023 年 11 月 25 日，BRENDA 酶数据库（brenda-enzymes.org）公布的酶有 8423 种。与此同时，酶的应用领域也在快速拓展。酶已广泛应用于工业、农业、医药、环保、能源开发以及科学研究等方面，成为推动国民经济发展的重要力量。特别是，随着国家环保标准日益严格，以及碳达峰、碳中和中长期规划的稳步推进，酶制剂的市场需求预计将呈现进一步增长的态势。

2.1 酶在医药行业的应用

1894 年，第一种酶制剂——"高峰淀粉酶"用作消化剂上市发售，开创了近代酶的生产和应用的先例。经过一个多世纪的发展，酶在医药领域的用途越来越广泛。目前，酶在医药领域的应用主要包括以下几个方面：①疾病的诊断；②疾病的治疗；③制造药物。

2.1.1 疾病诊断

疾病治疗效果的好坏，在很大程度上取决于诊断的准确性。由于酶具有专一性强、催化效率高等显著的特点，酶学诊断已经发展成为可靠、简便又快捷的诊断方法。

2.1.1.1 酶学指标用于疾病诊断

一般健康人体液中含有的某些酶的量是相对恒定的。若发生疾病，则体液内的某种或某些酶的活力将会发生相应的变化。例如，急性胰腺炎时血清和尿中的淀粉酶活性升高，急性肝炎或心肌炎时血清转氨酶活性升高，前列腺癌患者可有大量酸性磷酸酶释放入血液中，胆管堵塞时胆汁的反流可诱导肝合成大量的碱性磷酸酶。此外，有些疾病的发病机制直接或间接地与酶的异常或酶活性受抑制有关，如酪氨酸酶缺乏引起白化病；苯丙氨酸羟化酶缺乏产生苯丙酮尿症；急性胰腺炎与胰蛋白酶原在胰腺中被激活有关。因此，可以根据体液内某些酶的活力变化情况，而诊断出某些疾病。利用酶活力变化进行疾病诊断的例子见表 2-1。

表 2-1 根据酶活力变化进行疾病诊断

酶	疾病与酶活力变化
淀粉酶	胰脏疾病、肾脏疾病时活力升高；肝病时活力下降
胆碱酯酶	肝病、肝硬化、有机磷中毒、风湿等，活力下降
酸性磷酸酶	前列腺癌、肝炎、红细胞病变时，活力升高
碱性磷酸酶	佝偻病、软骨化病、骨瘤、甲状旁腺机能亢进时，活力升高；软骨发育不全等，活力下降
谷丙转氨酶/谷草转氨酶	肝病、心肌梗死等，活力升高
γ-谷氨酰转移酶（γ-GT）	原发性和继发性肝癌，活力增高至 200IU 以上，阻塞性黄疸、肝硬化、胆道癌等，血清中酶活力升高
醛缩酶	急性传染性肝炎、心肌梗死，血清中酶活力显著升高
胃蛋白酶	胃癌，活力升高；十二指肠溃疡，活力下降
磷酸葡糖变位酶	肝炎、癌症，活力升高
乳酸脱氢酶	肝癌、急性肝炎、心肌梗死，活力显著升高；肝硬化，活力正常
端粒酶	癌症，酶活性升高
山梨醇脱氢酶	急性肝炎，活力显著提高
脂肪酶	急性胰腺炎，活力明显增高，胰腺癌、胆管炎，活力升高
肌酸磷酸激酶	心肌梗死，活力显著升高；心肌炎、肌肉创伤，活力升高
α-羟基丁酸脱氢酶	心肌梗死、心肌炎，活力增高
磷酸己糖异构酶	急性肝炎，活力极度升高；心肌梗死、急性肾炎、脑出血，活力明显升高
鸟氨酸氨基甲酰转移酶	急性肝炎，活力急速增高；肝癌，活力明显升高
葡萄糖氧化酶	测定血糖含量，诊断糖尿病
亮氨酸氨基肽酶	肝癌、阻塞性黄疸，活力明显升高
乳酸脱氢酶（LDH）同工酶	心肌梗死、恶性贫血，LDH_1 升高；白血病、肌肉萎缩，LDH_2 升高；白血病、淋巴肉瘤、肺癌，LDH_3 升高；转移性肝癌、结肠癌，LDH_4 升高；肝炎、原发性肝癌、脂肪肝、心肌梗死、外伤、骨折，LDH_5 升高

知识拓展

2.1.1.2 酶法检测用于疾病诊断

除了用酶含量变化诊断疾病外，还可以通过利用酶测定体液中其底物的含量来诊断疾病（表 2-2）。例如，利用胆碱酯酶或胆固醇氧化酶测定血液中胆固醇的含量，诊断心血管疾病或高血压（图 2-1）；利用葡萄糖氧化酶电极制作血糖快速测定仪，检测血液或尿液中葡萄糖的含量，诊断糖尿病；利用固定化尿酸酶测定血液中尿酸的含量，诊断痛风病等。

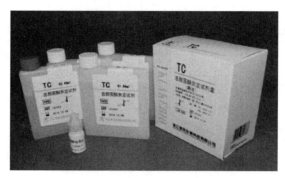

图 2-1   总胆固醇测定试剂盒（酶法）

表 2-2   根据体内酶底物含量变化进行疾病诊断一览表

酶	测定的物质	用途
葡萄糖氧化酶	葡萄糖	测定血糖、尿糖，诊断糖尿病
葡萄糖氧化酶+过氧化物酶	葡萄糖	测定血糖、尿糖，诊断糖尿病
尿素酶	尿素	测定血液、尿液中尿素的量，诊断肝脏、肾脏病变
谷氨酰胺酶	谷氨酰胺	测定脑脊液中谷氨酰胺的量，诊断肝性昏迷、肝硬化
胆固醇氧化酶	胆固醇	测定胆固醇含量，诊断高血脂等
DNA 聚合酶	基因	通过基因扩增、基因测序，诊断基因变异、检测癌基因

2.1.1.3 酶联免疫测定用于疾病诊断

酶联免疫测定在疾病诊断方面的应用也越来越广泛。所谓酶联免疫测定，是先把酶与某种抗体或抗原结合，制成酶标记的抗体或抗原。然后利用酶标抗体（或酶标抗原）与待测定的抗原（或抗体）结合，再借助于酶的催化特性定量测定出酶-抗体-抗原结合物中酶的含量，从而计算出欲测定的抗体或抗原的量，判断被检测者的健康状况。通过酶联免疫测定，可以诊断肠虫病、毛线虫病、血吸虫病、疟疾等寄生虫病以及麻疹、疱疹、乙型肝炎等病毒性疾病。常用的标记酶有碱性磷酸酶和辣根过氧化物酶等。随着细胞工程和基因工程的发展，已生产出各种单克隆抗体，为酶联免疫测定带来了极大的方便和广阔的应用前景。

知识拓展

2.1.2 治疗疾病

酶作为药物已应用于多种疾病的治疗，具有疗效显著、副作用小的特点。用于疾病治疗的部分酶见表 2-3。

表 2-3 用于疾病治疗的酶

酶	来源	用途及用药形式
淀粉酶	胰脏、麦芽、微生物	治疗消化不良、食欲不振（口服）
蛋白酶	胰脏、胃、植物、微生物	治疗消化不良、食欲不振（口服），消炎消肿，除去坏死组织，促进伤口愈合（喷洒），降低血压（注射）
脂肪酶	胰脏、微生物	治疗消化不良、食欲不振（口服）
纤维素酶	霉菌	治疗消化不良、食欲不振（口服）
溶菌酶	蛋清、细菌	治疗咽喉炎、口腔黏膜溃疡（口含）
尿激酶	人尿	用于心肌梗死和脑血管栓塞的溶栓（注射）
链激酶	链球菌	治疗急性心肌梗死等血栓性疾病（注射）
青霉素酶	蜡状芽孢杆菌	治疗青霉素引起的变态反应（注射）
L-天冬酰胺酶	大肠杆菌	治疗白血病（注射）
超氧化物歧化酶	微生物、植物、动物	预防辐射损伤，治疗红斑狼疮、皮肌炎、结肠炎（注射）
凝血酶	动物、细菌、酵母等	治疗各种出血病（喷洒）
胶原酶	细菌	消炎、化脓、治疗溃疡（润膏涂抹）、治疗腰椎间盘突出（注射）
右旋糖酐酶	微生物	预防龋齿（添加于牙膏中）
溶纤酶	蚯蚓	溶血栓（注射）
弹性蛋白酶	胰脏	治疗动脉硬化，降血脂（口服或注射）
核糖核酸酶	胰脏	治疗支气管扩张、肺脓疡（注射）

蛋白酶是临床上使用最早、用途最广的药用酶之一，可用于促消化、消炎和治疗高血压等。如酸性蛋白酶常与 α-淀粉酶和脂肪酶等消化酶联用，制成多酶片，口服治疗消化不良和食欲不振；将胰蛋白酶、胰凝乳蛋白酶、木瓜蛋白酶等蛋白酶喷洒在伤口处，能分解炎症部位的坏死组织，增加组织的通透性，抑制肉芽的形成，起到消炎作用。目前临床上使用的蛋白酶大部分来自动物和植物，如胰蛋白酶、胃蛋白酶和菠萝蛋白酶等。

超氧化物歧化酶（SOD）能催化超氧阴离子 O_2^- 进行歧化反应，将其转化为氧气和过氧化氢，从而有效保护机体免受 O_2^- 的损伤。基于这一机制，SOD 展现出抗辐射特性，并且在应对红斑狼疮、皮炎、结肠炎以及氧中毒等病症时，具备显著的治疗效果。例如，在红斑狼疮治疗中，它可调节免疫、减轻炎症；针对氧中毒，能快速清除体内过量的氧自由基，缓解中毒症状。

此外，用于防治心血管疾病的酶类药物有弹性蛋白酶、辅酶 A、抑肽酶等，治疗静、动脉血栓的药物有链激酶、尿激酶、组织纤溶酶原激活物和纤溶酶等。图 2-2 为纤溶蛋白溶解系统激活与抑制示意图。

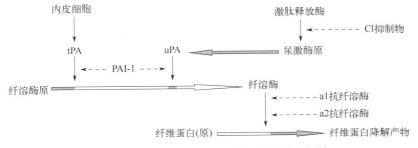

图 2-2 纤溶蛋白溶解系统激活与抑制示意图

⟶ 催化作用　⟹ 尿激酶　--→ 抑制作用

tPA：组织纤溶酶原激活物；uPA：尿激酶；PAI-1：组织纤溶酶原激活物抑制剂-1

酶治疗疾病的主要应用形式是口服、喷洒（或涂抹）和注射，在使用中存在的主要问题是稳定性差，如 SOD 在体内血浆中半衰期只有 6～10min。另外，对于注射用酶，异源蛋白酶注射入人体后，还会引发免疫反应。如链激酶与尿激酶同属抗凝血药物，都有溶解血栓的作用。尿激酶是从健康人尿中分离出来的一种酶蛋白，注射于人体无免疫原性，过敏反应少。但链激酶是外源性的，是一种异体蛋白，具有免疫原性，可引起过敏反应。为了解决上述问题，常通过酶分子修饰技术，提高酶的稳定性，降低或消除酶的抗原性（见第 6 章酶分子修饰）。

2.1.3　制造药物

酶在药物制造方面的应用日益增多，现已有不少药物都是采用酶法生产的。例如，β-酪氨酸酶催化 L-酪氨酸或邻苯二酚生成的二羟苯丙氨酸，是治疗帕金森综合征的左旋多巴药物；无色杆菌蛋白酶将猪胰岛素第 30 位上的丙氨酸置换成苏氨酸丁酯，再经三氟乙酸和苯甲醚的作用，最终获得人胰岛素；核苷磷酸化酶催化阿糖尿苷形成的阿糖腺苷在抗癌和抗病毒作用中疗效显著。部分用于药物制造的酶及用途见表 2-4。

表 2-4　用于药物制造的酶的来源及用途

酶	主要来源	用途
青霉素酰化酶	微生物	制造半合成青霉素和头孢菌素
11-β-羟化酶	霉菌	制造氢化可的松
L-酪氨酸转氨酶	细菌	制造多巴（L-二羟苯丙氨酸）
β-酪氨酸酶	植物	制造多巴
α-甘露糖苷酶	链霉菌	制造高效链霉素
核苷磷酸化酶	微生物	生产阿拉伯腺嘌呤核苷（阿糖腺苷）
酰基氨基酸水解酶	微生物	生产 L-氨基酸
5′-磷酸二酯酶	橘青霉等微生物	生产各种核苷酸
多核苷酸磷酸化酶	微生物	生产聚肌胞、聚肌苷酸
无色杆菌蛋白酶	细菌	由猪胰岛素（Ala-30）转变为人胰岛素（Thr-30）
核糖核酸酶	微生物	生产核苷酸
蛋白酶	动物、植物、微生物	生产 L-氨基酸
β-葡萄糖苷酶	黑曲霉等微生物	生产人参皂苷-Rh$_2$

酶在药物制造方面的最典型应用是半合成抗生素。下面将以此为例，进行详细介绍。

青霉素是一类 β-内酰胺类抗生素，除了青霉素 G（盘尼西林）和青霉素 V 是通过微生物发酵法生产的天然青霉素外，其他大部分都是半合成青霉素，如氨苄西林和阿莫西林。这些半合成青霉素是通过改造天然青霉素得到的，比天然青霉素具有更广泛的抗菌谱、更强的稳定性和耐酸性，因而在临床上也有更广泛的应用。

青霉素酰化酶是制造半合成青霉素的关键用酶。它在碱性条件下能够有效地将青霉素 G（PGK）水解为 6-氨基青霉烷酸（6-APA），改变反应条件至酸性，它又可以通过酰基化给 6-APA 引入不同的侧链，制备出多种半合成青霉素类药物。青霉素酰化酶半合成氨苄青霉素的反应过程见图 2-3。

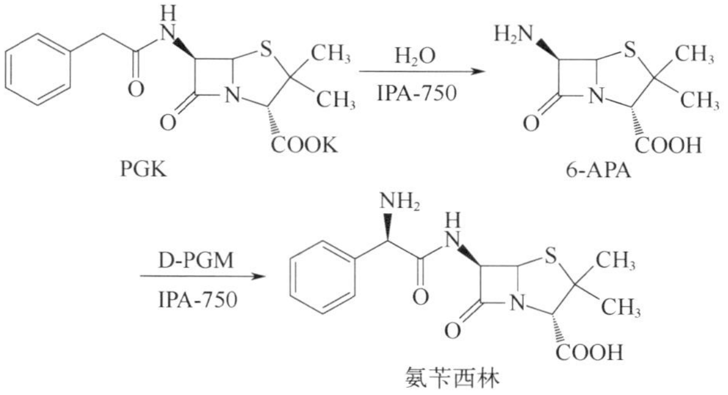

图 2-3   半合成氨苄西林的反应过程

通过青霉素酰化酶的作用，可以半合成得到氨苄青霉素（氨苄西林）、羟氨苄青霉素（阿莫西林）、羧苄青霉素、磺苄青霉素、氨基环烷青霉素、邻氯青霉素、双氯青霉素和氟氯青霉素等多种青霉素。此外，青霉素酰化酶还可以半合成头孢类抗生素。与半合成青霉素类似，青霉素酰化酶先水解头孢菌素生成 7-ACA，再引进新的侧链基团，得到各种新型半合成头孢菌素，如头孢氨苄、头孢拉定、头孢克洛和头孢克肟等。

1973 年，固定化青霉素酰化酶开始用于工业化生产，实现了酶的重复使用，简化了产物的分离纯化过程，降低了生产成本。目前，固定化青霉素酰化酶仍在半合成抗生素制造中扮演着重要的角色，使得抗生素的生产更加高效和环保，同时也拓宽了抗生素的应用范围。

D-苯甘氨酸是氨苄青霉素、头孢拉定等药物的重要侧链（图 2-4）。但化学合成时得到的(D,L)-苯甘氨酸混合物，限制了 D-苯甘氨酸的应用。随着酶非水相技术的发展，已实现脂肪酶在有机介质中通过不对称氨解反应拆分(D,L)-苯甘氨酸，得到 D-苯甘氨酸的单一对映体。

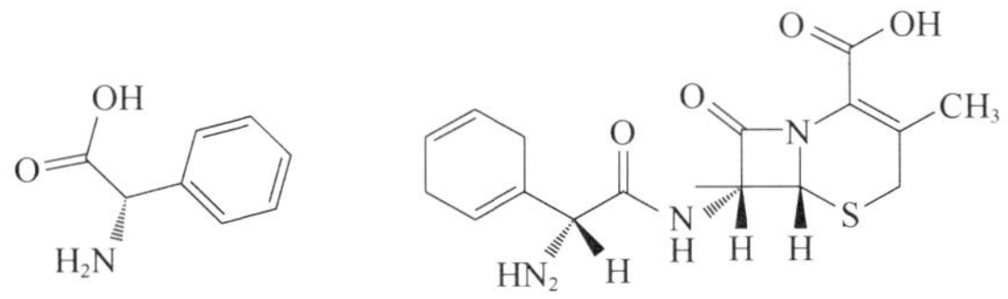

图 2-4   苯甘氨酸及头孢拉定的结构式

思考：在上述的半合成青霉素生产中涉及了哪几种酶工程技术？

2.2   酶在食品领域的应用

自古以来食品和酶就有着天然的联系。近些年，酶在食品领域的应用更是日趋广泛，如用于食品保鲜、加工和品质改善等多个方面。目前，广泛应用于食品领域的酶约有 20 多种，且大多数已能大规模工业化生产。

2.2.1   食品保鲜

食品在保存过程中，氧气、微生物和高温等会破坏食品稳定结构，改变食品品质，降低食品的价值。通过添加酶或抑制食品中某些酶的酶活性，可为食品保存提供有利环境，达到防腐保鲜的效果。酶保鲜技术的原理包括：①用葡萄糖氧化酶去除食品包装中的氧，延缓氧化作用；②用葡萄糖氧化酶去除蛋白制品中葡萄糖，防止发生美拉德（Maillard）反应使产品发生褐变；③用溶菌酶抑菌；④破坏或降低食品中某些不良酶（如导致褐变的多酚氧化酶）的生物活性。

延伸阅读

2.2.2　食品加工

2.2.2.1　淀粉类食品生产方面

2.2.2.1.1　酶法生产淀粉水解产物

淀粉可以在 α-淀粉酶、β-淀粉酶、糖化酶、支链淀粉酶等多种淀粉酶的作用下，水解生成糊精、低聚糖、麦芽糖和葡萄糖等产物。工业上常采用 α-淀粉酶加葡萄糖淀粉酶的"双酶法"水解淀粉制得葡萄糖，α-淀粉酶（又称液化淀粉酶）将淀粉链内切为长短不一的可溶性产物，即液化；葡萄糖淀粉酶（又称糖化酶）则进一步将可溶性产物水解为葡萄糖，即糖化。葡萄糖精制后可以医用，但用于食品则甜度太低。可进一步使用葡萄糖异构酶将部分葡萄糖转化为果糖，制备甜度更好的果葡糖浆，用作食品甜味剂。果葡糖浆是目前消费量最大的淀粉糖。

知识拓展

2.2.2.1.2　环状糊精的生产

淀粉还可在环糊精生成酶的催化下，生成环状糊精。环状糊精常用作稳定剂，使香料和脂溶性维生素等免受酸或光分解；也可改变香料、色素等物质的溶解度、色、味等，日益受到食品生产加工企业的青睐。

知识拓展

2.2.2.1.3　低聚糖的生产

低聚糖是指由 2～10 个单糖通过糖苷键连接而成的低度聚合糖，具有难以被胃肠消化吸收、甜度低、热量低、基本不增加血糖和血脂的特点，是一种新型功能性糖源。低聚糖作为一种食物配料被广泛应用于乳酸菌饮料、双歧杆菌酸奶、谷物食品和保健食品中，也有单独以低聚糖为原料而制成的口服液，直接用来调节肠道菌群、润肠通便、调节血脂、调节免疫等。

知识拓展

目前广泛应用的低聚糖主要有低聚异麦芽糖、低聚果糖、低聚木糖和低聚半乳糖等。不同种类低聚糖的生产均需要相应酶制剂的参与，如低聚木糖主要是通过木聚糖酶水解纤维质材料中的木聚糖产生的；果糖苷酶将蔗糖水解成果糖和葡萄糖，然后再将果糖基转移至蔗糖从而合成低聚果糖；低聚半乳糖则是以糖为原料，通过半乳糖苷酶的转糖苷作用合成得到的。

2.2.2.2　蛋白质类食品生产方面

应用于蛋白质类食品生产加工的酶有蛋白酶、脂肪酶、乳糖酶、过氧化氢酶、溶菌酶等，其中使用量最大的是蛋白酶。不同的蛋白酶作用于蛋白质的位点有差别，在蛋白质类食品生产加工中的功能也有差别。目前蛋白质类食品加工中应用到的蛋白酶种类很多，主要有木瓜蛋白酶、菠萝蛋白酶以及微生物蛋白酶（如枯草芽孢杆菌蛋白酶、黑曲霉蛋白酶等），其中微生物蛋白酶具有产量大、性能好等特点，应用更为广泛。

2.2.2.2.1　生产蛋白质水解产品

用蛋白酶水解蛋白质可得到多种蛋白水解产物。例如，蛋白质轻度水解的蛋白胨，广泛用于各类细胞培养；各种肉类水解的产物不仅是很好的营养食品、保健食品，也可生产调味品等；鱼类水解产物常用来生产营养食品、饲料等。蛋白质在蛋白酶作用下，完全水解生成 20 种氨基酸，可用于强化营养食品的加工，也可用于医药，配制复方氨基酸。以富含胶原蛋白的动物的皮或骨等为原料，加入适量碱性蛋白酶水解，制备的明胶在食品工业和制药工业中都有广泛的用途。

知识拓展

2.2.2.2.2　乳类加工

干酪又称奶酪，是乳中的酪蛋白凝固而成的一种营养价值高、容易消化吸收的食品。干酪的生产是将牛奶用乳酸菌发酵成酸奶，然后用凝乳蛋白酶将牛乳中的可溶性 κ-酪蛋白水解为不溶性的副 κ-酪蛋白，加入 Ca^{2+} 后，副 κ-酪蛋白可与之结合而凝固。牛乳中的 α-酪蛋白和 β-酪蛋白对钙离子不稳定，加上失去了 κ-酪蛋白的保护作用，所以一起凝固。再经过加热、压榨、熟化，即成干酪成品。

除婴儿外，大多数东方成人不能消化乳中的乳糖。因此，乳品加工中，在经过巴氏灭菌的奶中加入适量乳糖酶（即 β-半乳糖苷酶），可使 80% 以上的乳糖分解为半乳糖和葡萄糖，制成低乳糖奶。在牛奶保存和奶酪制造前用 H_2O_2 对牛乳和干酪原料乳进行杀菌消毒，然后再用过氧化氢酶去除残余 H_2O_2。另外，婴儿奶粉中可添加溶菌酶防腐，乳中还可添加脂肪酶使黄油生香等。

2.2.2.2.3　肉制品加工

在肉制品加工中，酶主要是用于改善组织结构、嫩化肉类和转化低值蛋白质。涉及的酶类主要有蛋白酶、羧肽酶和谷氨酰胺转氨酶等。

胶原蛋白具有很强的机械强度，其含量对肉类的品质具有重要影响。可添加对胶原蛋白特异性强的蛋白酶嫩化肉质，同时防止其他蛋白水解。另外，生产肉类蛋白水解产品时，随着水解度的提高，容易产生苦味，所以筛选水解时不产生苦味的蛋白酶是酶制剂专家的工作之一。羧肽酶是一种消化酶，它能够专一性地从蛋白质的 C 端开始逐个水解释放出游离氨基酸。

谷氨酰胺转氨酶能够催化蛋白质分子内或分子间的氨基发生转移，在蛋白质之间架桥形成 ε-(γ-谷氨酰基)-赖氨酸肽键，从而使蛋白质发生聚合或交联（图 2-5），生成的交联蛋白质，可作为脂肪的取代物。如诺维信公司以肉制品常用的乳化剂酪蛋白钠为原料，经谷氨酰胺转氨酶催化作用，将生产的脂肪取代物应用于萨拉米香肠中可取代 50% 的脂肪，且能够保持产品原有风味不变。另外，谷氨酰胺转氨酶还能用于植物蛋白质"人造肉"产品的开发，如以大豆蛋白质为原料，通过谷氨酰胺转氨酶的催化交联作用使大豆蛋白质结合在一起，形成与肉类组织类似的结构。

图 2-5　谷氨酰胺转氨酶催化蛋白质分子间交联

此外，谷氨酰胺转氨酶能够将某些人体必需氨基酸（如赖氨酸）共价交联到蛋白质上，以防止加工过程中美拉德反应对氨基酸的破坏，从而提高蛋白质的营养价值。

2.2.2.3　果蔬类食品生产方面

果蔬中含有大量的果胶、纤维素、淀粉和半纤维素等物质，使果蔬汁加工过程中存在黏度高、压榨率低、出汁率低、易浑浊、易褐变、特有香气成分易流失以及苦味难以去除等问题。因此，在果蔬汁加工中，常添加果胶酶、纤维素酶、半纤维素酶、淀粉酶和漆酶等，以提高产品的产量和质量。

果胶酶通过水解果胶物质，降低果蔬汁的黏度，缩短果浆压榨时间，提升果浆出汁率。纤维素酶主要用于水解纤维素，破坏植物细胞壁，释放细胞内容物，从而提高出汁率和可溶性固形物含量。漆酶（一种多酚氧化酶）可以使果实的多酚类物质氧化，生成大块的难溶物，避免胶质物堵塞过滤膜或过滤布，有利于固液分离。淀粉酶则可以将果蔬汁中的淀粉水解成小分子葡萄糖或其他低分子糖类，从而避免淀粉颗粒聚集生成沉淀，降低果蔬汁黏度，提高出汁率。

此外，柑橘果实中含有苦味物质柚苷，应用柚苷酶（β-鼠李糖苷酶）处理，可以使柚苷（柚配质-7-鼠李糖苷）水解为无苦味的柚配质、葡萄糖和鼠李糖。柑橘中的橙皮苷会使橙汁出现白色浑浊，影响产品质量，鼠李糖苷酶、橙皮苷酶可使橙皮苷水解为橙皮素-7-葡萄糖苷和鼠李糖，有效地防止柑橘类罐头制品出现白色浑浊。花青素酶处理水果、蔬菜，可使花青素水解，以防变色，从而保证产品质量。

2.2.3　改善食品品质和风味

2.2.3.1　酱油酿造

酱油酿造过程中所用的酶大部分由米曲霉产生，如蛋白酶、糖化酶、氨肽酶、淀粉酶、果胶酶和纤维素酶等，这些酶对酱油风味和品质的形成至关重要，其中蛋白酶、淀粉酶、果胶酶和纤维素酶等与原料利用率密切有关。蛋白酶是决定酱油质量的关键因素，其在发酵过程中的种类和活性对酱油中的呈味氨基酸、多肽含量及其他物质的生成有着重要影响。

知识拓展

延伸阅读

2.2.3.2　乳制品加工

乳制品加工中，添加不同的脂肪酶可使乳制品具有不同的风味。脂肪酶水解乳脂甘油三酯生成甘油和游离脂肪酸，产生的游离脂肪酸，尤其是短链脂肪酸是稀奶油、黄油、乳酪等乳制品的重要风味物质。不同来源的脂肪酶作用于不同底物时可产生不同的风味特征。

2.2.3.3　白酒发酵

在白酒发酵过程中，酒醅中微生物分泌的各种酶，如淀粉酶、糖化酶、蛋白酶、纤维素酶和脂肪酶等，可将原料中的蛋白质、糖类、脂肪等大分子降解为氨基酸、寡糖、脂肪酸等小分子物质。这些小分子物质一方面供微生物代谢利用，另一方面为香味物质的产生提供丰富的前体物质。研究发现，茅台酿造过程及环境中涉及的微生物有 1946 种，包括细菌 1063 种、酵母菌和丝状真菌类 883 种，正是丰富的微生物种类造成了茅台酒独特的风味。

延伸阅读

2.2.3.4　茶叶加工

茶叶加工中，可以通过添加多种外源酶来提高茶叶的综合品质，如单宁酶可使具有苦涩味的酯型儿茶素水解成非酯型儿茶素，减轻茶叶的苦涩味，提高茶汤的澄清度；添加外源多酚氧化酶所制的红茶汤色红艳明亮，叶底红亮，滋味醇厚爽口，香气甜香持久；添加果胶酶和纤维素酶，有利于浸提茶叶中有效成分及芳香性物质的释放，还可以缩短发酵时间。

延伸阅读

2.2.3.5　面制品加工

在面制品中添加不同的酶能够明显改善其品质。制作面条时，在面团中添加葡萄糖氧化酶或脂肪氧合酶，能够将面粉中面筋蛋白的—SH 氧化成—S—S—，有助于面筋蛋白之间交联形成蛋白质网络结构，增强面团的筋力；在面团中添加谷氨酰胺转氨酶同样能够催化面筋蛋白交联形成网络结构，起到上述类似的效果。制作面包时，在面团中添加 α-淀粉酶、木聚糖酶、脂肪酶或葡萄糖氧化酶能够起到改善面团的加工特性和稳定性、改善面包的组织结构和增大面包的比体积（体积与质量之比）的效果；而在面团中添加麦芽糖淀粉酶，则可以将面团中的淀粉部分水解生成小分子量的糊精，起到防止淀粉和面筋之间相互反应而产生老化作用。制作饼干时，在面团中添加天冬酰胺酶能够减少饼干在烘烤过程中丙烯酰胺（一种强致癌物）的生成量，提高饼干的安全品质；在面团中添加中性蛋白酶能够水解部分面筋蛋白，降低面团的筋力，从而提高饼干的可塑性。

2.2.4　食品检测

在食品质量检测领域，酶联免疫技术经常被用于检测食品中的毒素、重金属污染、微生物等，具有结果准确，操作灵活、效率高等特点。例如，仅需 4h 就可完成藻类、贝壳中的黄曲霉素 B_1 的检测；只需 45min 便可检测出乳制品、肉类等制品中的沙门菌、金黄色葡萄球菌和李斯特菌等有害菌；还可检测出食品中的除虫剂、除草剂等药物以及兽药和瘦肉精残留情况。

此外，还可用亚硝酸还原酶传感器检测食品中的亚硝酸盐含量，为食品安全提供保障。近年来，经过酶技术的改良和发展，不同酶生物传感器在性能方面取得了较大提升，为食品加工在线监测提供了技术支持。

2.3　酶在饲料行业的应用

目前应用于饲料行业的酶有二十多种。随着我国饲料工业规模的增长及抗生素使用的受限，酶制剂被认为是替代抗生素的功能性添加剂之一，未来的市场需求将持续增加。

根据是否在动物体内大量分泌，饲用酶分为外源酶和内源酶两种。外源酶是动物自身不能分泌的酶，包括植酸酶和非淀粉多糖酶。其中，非淀粉多糖酶包括木聚糖酶、β-葡聚糖酶、甘露聚糖酶、果胶酶和纤维素酶。外源酶的主要作用是降解植物性原料的抗营养因子以及细胞壁等阻碍营养物质释放的非淀粉多糖。内源酶是机体可以自主分泌的消化酶，包括蛋白酶、淀粉酶和脂肪酶等。内源酶的主要作用是消化饲料中的营养成分，提高饲料的消化率。幼龄动物消化系统不完善，其饲料中添加内源酶，可弥补其消化酶分泌不足的问题。

知识拓展

根据产品中所含酶的种类多少，饲用酶制剂可分为单一酶制剂和复合酶制剂两类。其中，复合酶制剂以一种或几种单一酶制剂为主体，加上其他单一酶制剂混合而成，或者由一种或几种微生物发酵获得。复合酶制剂可同时降解饲料中多种需要降解的底物，最大限度地提高饲料的营养价值。作为同时具有营养性添加剂和非营养性添加剂双重特性的饲料酶制剂，其功能已由原来的提高日粮营养的消化利用拓展到调节动物肠道健康、杀菌抑菌等。

2.3.1　提高饲料营养价值

2.3.1.1　非淀粉多糖酶

非淀粉多糖是指淀粉以外的多糖，主要有纤维素、半纤维素、果胶等，在甘蔗渣、麦麸、玉米芯、麦秆等非常规植物饲料中含量很多。非淀粉多糖对于动物的生长发育至关重要，能够增强动物的消化功能，增加动物消化道对于食物的附着力。但同时非淀粉多糖又是一类对营养有抵抗作用的物质。

非淀粉多糖酶主要包括纤维素酶、木聚糖酶、果胶酶、甘露聚糖酶及β-葡聚糖酶等，可通过降解非淀粉多糖提高动物的饮食消化率，增加饮食的能量，促进动物的肠道健康从而保障动物的健康生长；还能减少畜禽肠道中有害微生物的数量，通过消除可溶性非淀粉多糖对内源性消化酶的抑制作用提高免疫力。

非淀粉多糖酶的应用拓宽了非常规饲料的范围，对饲料资源的开发利用具有重要意义。因此，研发高效的非淀粉多糖酶制剂是新型饲料添加剂的研究方向之一，对于养殖过程中促进动物的健康生长与提高饲料的利用率具有很大的益处。

2.3.1.2 植酸酶

磷是动物生长发育必需的营养元素之一。饲料中 40%～70% 的磷是以植酸（肌醇六磷酸）的形式存在。但由于单胃动物消化道内缺乏能够分解消化植酸磷的酶，饲料中绝大部分磷随动物粪便排出，进入水体，造成水体富营养化。植酸酶是一种能水解植酸的磷酸酶类，能将植酸磷降解为能被畜禽利用的肌醇和无机磷酸，从而提高动物机体对日粮中磷和其他营养成分的利用率，因而成为人们关注的焦点。

植酸酶广泛存在于植物、动物和微生物中。由于微生物源植酸酶最适 pH 值的范围与动物消化道环境更匹配，其在动物饲料中的应用也最为广泛。高温制粒和高温消毒是现代饲料工业中常用的加工工艺，植酸酶在这样的温度下很容易失去部分活力，甚至完全失活。在中国，颗粒饲料约占饲料总产量的 70%，所以获得高热稳定性的植酸酶是近年来植酸酶工业的研究热点和难点。

2.3.2 调节肠道健康

2.3.2.1 葡萄糖氧化酶

葡萄糖氧化酶（GOD）能氧化分解 β-D-葡萄糖生成葡萄糖酸和过氧化氢，同时消耗大量的氧气。葡萄糖氧化酶通过消耗肠道内多余的氧气，创造一个有利于厌氧细菌生存的环境，产生的 H_2O_2 能抑制肠道病原体（如大肠杆菌和沙门菌），保持肠道微生态平衡，产生的葡萄糖酸可降低肠道 pH 值，提高牲畜体内的消化酶活性和营养物质的吸收率。此外，葡萄糖氧化酶可以减少禽畜的肠道应激反应，保持牲畜健康，提高牲畜繁殖性能，从而提高牲畜生产性能，提高牲畜产品质量。

2.3.2.2 过氧化氢酶

过氧化氢酶能催化过氧化氢（H_2O_2）分解为分子氧和水，从而清除体内的过氧化氢，使细胞免于遭受过氧化氢的毒害，是生物防御体系的关键酶之一，在动物体内主要有抗氧化、抗应激、抗过敏和保护肠道黏膜的作用。饲料中添加过氧化氢酶可以促进动物采食，可以提高饲料利用率和畜禽的生长速度；减少动物营养性腹泻的发生，对肠上皮细胞具有预防性保护作用，从而减轻肠道炎症反应等；增强免疫系统的功能，提高禽类的免疫力和抗病能力。

2.3.2.3 溶菌酶

溶菌酶具有良好的抗菌特性，尤其是对溶壁微球菌、巨大芽孢杆菌、金黄色葡萄球菌、链球菌、产气荚膜梭菌和枯草芽孢杆菌等革兰氏阳性菌具有良好的溶菌作用。研究发现，饲料中添加溶菌酶，能够清除动物肠道内的有害菌；能够分解饲料中的各种多糖类和纤维素，提高饲料的消化率和吸收率，从而减少消化不良而导致的营养缺乏和生长发育不良等问题；能够显著提高动物的生产性能，如增加生产量、增重速度，改善饲料转化率等。

自从 2020 年饲料中全面禁止添加抗生素，抗生素减停对饲料养殖业带来了持续挑战。葡萄糖氧化酶、过氧化氢酶、溶菌酶等在杀菌抑菌和替代抗生素方面的应用，使替代抗生素新产品的研究有了新突破，成为饲料酶制剂一个新的增长点。

饲料是酶制剂产品重要的应用领域。饲用酶制剂将推动我国养殖业向资源节约型和环境友好型的方向发展，符合"循环经济""低碳经济""绿色经济"等现代社会经济发展趋势。近年来，饲用酶制剂新技术和新品种呈现出加速发展趋势。

2.4　酶在纺织行业的应用

在纺织行业，酶最早是用于织物的退浆，目前已应用于几乎所有的纺织湿加工工艺以及服装面料的整理等工段。酶的种类也已经从传统的水解酶扩展到了裂解酶、氧化还原酶等。酶在改进染整加工工艺、节约能耗、减少环境污染、提高产品质量、增加附加值和开发新型原料的产品等方面展现了其独特的优势。

2.4.1　织物的退浆

用酶去除织物上的浆料，具有能耗低、织物损伤小、设备要求低、废水处理简单等诸多优点，是一种绿色前处理工艺。当前生物退浆的研究与应用主要是针对淀粉浆料进行的，采用的主要是 α-淀粉酶。

目前常用的浆料除了淀粉外，还有聚乙烯醇。聚乙烯醇是一种水溶性的高分子化合物，对合成纤维有较好的黏附性，浆膜强韧，耐磨性好，是合成纤维纱线的理想上浆浆料。但采用聚乙烯醇上浆的织物不易退浆，且退浆液中的聚乙烯醇不易被降解，退浆废水造成较大的环境污染。但在我国目前没有更好、更有效的浆料完全取代聚乙烯醇的情况下，聚乙烯醇仍被普遍使用。近些年，利用聚乙烯醇降解酶进行织物退浆受到了广泛关注。已发现的聚乙烯醇降解酶主要包括聚乙烯醇氧化酶、聚乙烯醇脱氢酶、β-双酮水解酶。但由于聚乙烯醇降解酶产生菌培养周期长、酶活低、分离纯化困难，至今还没有关于发酵法批量生产聚乙烯醇降解酶的报道，采用聚乙烯醇降解酶退浆的研究也仅仅是停留在实验室水平。筛选高产量聚乙烯醇降解酶产生菌、提高聚乙烯醇降解酶的酶活力，大批量生产聚乙烯醇降解酶并将其早日应用到工业生产中将是退浆酶研发的重要方向。

2.4.2　棉纤维的脱角质

棉纤维表皮层中的角质是生长过程中表面油状物质硬化形成的，可保护棉花免受雨水侵蚀。但其极强的疏水性导致未处理的棉纤维手感和染色性能较差，从而成为棉纤维精加工过程中需要去除的主要成分之一。角质酶可在低温条件下去除棉纤维表面蜡质和角质，并能加快棉纤维中果胶酶的酶解速度，有助于果胶等杂质的进一步去除，从而达到精炼目的。

2.4.3　羊毛除鳞片

羊毛表面有一层鳞片，使羊毛不易染色，且手感不好（图2-6）。蛋白酶处理，可去除羊毛上60%以上的鳞垢，从而使羊毛的亲水性得到明显改善，实现羊毛织物的低温染色；此外，还可以大大改善羊毛织物的爽滑性、柔软性、丰满性和防缩性，使其具有可机洗、抗起球和起毛等优良特性。角质酶处理，可在一定程度上去除鳞片外部的类脂层，使蛋白酶对羊毛表面蛋白质的水解效率有所提高。

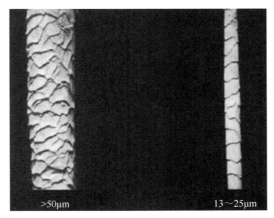

图 2-6 羊毛（左）与羊绒（右）的鳞片

此外，也有人考虑脂肪酶与蛋白酶一起使用来改善羊毛的性质，但目前所用的商品脂肪酶效果都不太理想。脂肪酶在羊毛纤维上的应用研究还处于尝试探索阶段。

2.4.4 蚕丝的脱胶

蚕丝的主要成分为丝素和丝胶以及少量的蜡质、色素和无机物等，其中丝胶约占蚕丝质量的 20%～30%。由于丝胶具有较大的支链，且不易染色，因而应尽可能地去除。采用蛋白酶对真丝脱胶，可避免丝素损失，且脱胶均匀。经过处理的真丝织物外观丰满、手感厚实，具有细密效应，耐磨性能明显变好。在酶法脱胶中使用的蛋白酶主要有胰蛋白酶、木瓜蛋白酶、碱性蛋白酶和热脱胶酶等。

2.5 酶在制浆造纸行业的应用

造纸的过程可以分为以下几个主要步骤：
①选择合适的原材料，将其切成适当大小；②加入碱液等进行蒸煮，使纤维素溶解，制成浆料；③进行筛选和漂白，以去除杂质和改善纸张的白度；④打浆，使之成为悬浮状态的小纤维团；⑤配浆，调整其成分和黏度；⑥抄造，输送到造纸机的网部，滤水、脱水干燥；⑦成纸。

目前，普遍采用的是传统的化学制浆法，不仅能耗大，而且其产生的废水中含有大量的悬浮物、酸碱物质和毒性物质等，BOD（生物需氧量）、COD（化学需氧量）和色度（黑液）高，给后续废水处理带来很大困难。

此外，纤维原料短缺、能源供应紧张等问题，也制约着我国造纸业的发展。在此形势下，酶制剂在制浆造纸工业中的应用日趋广泛，充分体现了其高效、环保的特点。目前，应用于制浆造纸工业的酶主要有半纤维素酶（主要为木聚糖酶）、纤维素酶、果胶酶、淀粉酶和脂肪酶等。酶在制浆造纸工业中的应用主要体现在以下几个方面。

2.5.1 酶法助漂

传统的氯气漂白纸浆工艺，因产生多种有毒的氯酚类化合物而造成严重的环境污染。酶法助漂就是在漂白工序添加一些酶辅助漂白，减少化学漂白剂的用量。

应用于纸浆漂白的酶主要是半纤维素酶和木质素酶。半纤维素酶包括木聚糖酶和甘露糖酶。其中，木聚糖酶是可以将木聚糖降解为低聚糖和木糖单糖的一系列酶，包括 β-1,4-内切木聚糖酶、β-木糖苷酶、α-L-阿拉伯糖苷酶等，可通过降解纤维表面沉积下来的木聚糖，增大纸浆基质孔隙，使化学漂白剂能更有效地渗透到纸浆中，提高纸浆的漂白率，减少化学漂白剂的用量。木质素酶主要包括漆酶、木质素过氧化物酶、锰过氧化物酶，可直接作用于木质素，使其降解并从纸浆中分离出来，提高纸张的纯度和白度。

也有研究者提出了一种以淀粉酶和葡萄糖氧化酶组成的复合体系处理棉花纤维的漂白方法。在该方法中，淀粉酶可以将淀粉水解成葡萄糖，而在葡萄糖氧化酶的作用下，葡萄糖可被转化成过氧化氢，而过氧化氢在氧化酶作用下，可以作为漂白助剂，对浆料进行漂白。

酶法助漂不仅减少了氯基漂白剂的使用，从而减少了有机卤化物的形成，而且可减小对纸浆中纤维素和半纤维素组分的损伤，提高纸浆的质量。

2.5.2　酶促打浆

酶促打浆是用高活性的纤维素酶以及半纤维素酶在打浆前对纸浆进行预处理（图 2-7）。一方面，可降解和软化纤维，使纤维表面松弛、活化，有效促进纤维细胞壁的分离与破碎；另外，还可促进纤维的吸水润胀，提高打浆过程中的细纤维化和微细纤维化的程度，降低打浆能耗。

图 2-7　酶促打浆示意图

2.5.3　纤维改性

纤维改性通常是指用化学、生物或物理的方法使常规纤维产品的某些性能（如吸湿性、染色性、抗静电性、阻燃性等）得以改进，并由此派生出一系列新纤维的技术总称。酶法改性是指利用纤维素酶、木聚糖酶和漆酶等对纤维的有限降解、修饰和接枝作用，使纤维结构变得疏松，从而加速水分子的扩散，使其快速、充分润胀，可有效改善纸浆纤维的滤水性能和抄造性能。尤其是非木材草浆的半纤维素含量高、杂细胞多、纤维短小，这是导致纸浆滤水性差、强度低、脆性大，抄纸时黏网、黏辊、易断头等问题的根本原因。木聚糖酶可使草浆纤维受到酶的作用而得到纯化、净化，有效改善纸浆的脆性，如图 2-8 所示。

2.5.4　酶法脱墨

废纸利用最大的难题在于污染物的脱除，其中主要是油墨的脱除。酶法脱墨，就是利用

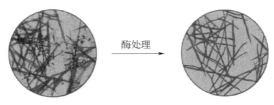

图 2-8　生物酶纯化、净化示意图

酶处理废纸浆，并辅以浮选和洗涤，从而除去油墨的脱墨技术。酶法脱墨中使用的酶主要是纤维素酶、半纤维素酶、脂肪酶、酯酶、果胶酶和木质素酶等。脂肪酶和酯酶降解植物油基油墨；果胶酶、半纤维素酶、纤维素酶和木质素酶改变纤维表面或油墨粒子附近的连接键，从而使油墨分离，经洗涤或浮选除去；而淀粉酶则是降解纤维与油墨之间的淀粉，使油墨与纤维分离。

　　与化学脱墨法相比，酶法脱墨后的纸浆具有较高的白度、较低的尘埃度、较好的滤水性能和较强的可漂性。近年来，酶法脱墨已成为脱墨化学的研究热点，且在实验室获得了肯定的结果，有些技术已成功进行了中试试验和工业化试验。

2.6　酶在化工领域的应用

　　随着环保要求的提高，在化工生产中使用绿色化工技术已经成为必然趋势。酶在洗涤剂行业、日用化学品行业、化工产品制造等领域已经得到广泛应用。

2.6.1　用于日化品

　　在日化品中加入酶可有效提高产品质量。如冷霜、洗发香波中添加的胶原蛋白酶、脂肪酶可溶解皮屑角质、消除皮脂，从而使皮肤柔嫩，促进皮肤新陈代谢；化妆品中添加的溶菌酶可发挥防腐作用；超氧化物歧化酶（SOD）可发挥防晒、抗衰老及消炎等作用；弹性蛋白酶能分解皮肤表面老化、死亡细胞的蛋白，帮助皮肤恢复弹性，消除皱纹和细纹；牙膏、牙粉或漱口水中添加的右旋糖苷酶，有助于去除牙垢。

　　此外，还可以利用酶的催化作用生产一些美容活性成分，如熊果苷、维生素 C 葡萄糖苷和脂肪酸酯等。熊果苷是一种糖苷类化合物，能够抑制黑色素细胞中的酪氨酸酶，从而抑制黑色素的生成，达到使皮肤增白的效果，成为美白产品中必不可少的添加物。转葡萄糖苷酶能使对苯二酚和麦芽糖按照 2∶1 的摩尔比反应生成单一产物——α-熊果苷，化学反应式如图 2-9 所示。维生素 C 葡萄糖苷是维生素 C 的一种衍生物，能够抑制黑色素生成，且对紫外线造成

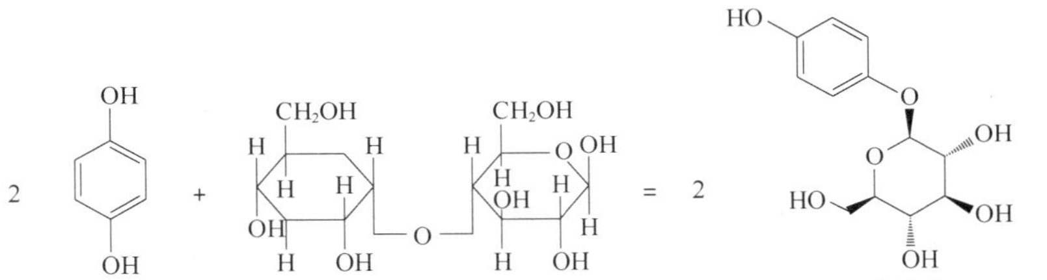

图 2-9　对苯二酚与麦芽糖经转葡萄糖苷酶催化合成 α-熊果苷

的皮肤光损伤有防护作用，在多种高端美白化妆品中有着广泛的应用。生物转化法是目前维生素 C 葡萄糖苷合成的唯一途径，即利用糖基转移酶的特异性转糖基作用，将葡萄糖基供体（麦芽糖或其他 α-葡聚糖）上的葡萄糖苷转移到维生素 C 的 2 位 C 上。脂肪酸酯在化妆品中应用广泛，是润肤剂、防晒剂、沐浴露等的原料和添加剂，可以用酶在较低的温度下催化合成，避免了传统高温化学催化合成过程中变色产物的产生。

2.6.2   用于洗涤剂

酶常作为洗涤剂的辅助成分，增强去污效果，减少表面活性剂的用量。常用的酶主要有蛋白酶、淀粉酶、脂肪酶、纤维素酶等。蛋白酶、淀粉酶和脂肪酶分别去除衣物上的蛋白类、淀粉类和脂肪类污渍。纤维素酶本身不能去除衣物上的污垢，但可使纤维的结构变得蓬松，从而使渗入到纤维深层的尘土和污垢能够与洗衣粉充分接触，达到更好的去污效果。此外，纤维素酶还可以去除棉纺织品表面的浮毛，使洗涤后的棉纺织品柔软蓬松，织纹清晰，色泽更加鲜艳，穿着更加舒适。

酶的催化反应具有单一性，一种酶只能去除一种污渍，要去除不同的污渍，复合酶展现了良好的洗涤效果。例如，体液污渍这种复杂混合物的主要成分有脂肪、蛋白质及环境中灰尘等，普通的表面活性剂并不能完全去除这种污渍，而添加复合酶的洗涤剂有更好的去污效果。又如，诺维信推出的自动餐具清洗剂内含有两种酶——Blaze Evity（蛋白酶）和 Stainzyme Evity（淀粉酶），这两种酶的组合使用提高了自动餐具清洗剂的使用效果。此外，有些公司采用包裹技术来提高酶的稳定性，也取得了良好的效果。

加酶洗涤剂符合当下保护环境的消费理念，因此洗涤酶的应用范围不断扩大，已从传统的日化、纺织行业扩展到手术器械的清洗和餐饮等行业。随着应用范围的增加，针对不同的洗涤对象和效果追求，对酶的全面研究提出了更高的要求。通过对产酶菌进行基因工程改造和对酶的催化特性进行改善，使酶的适应条件更加广泛、活性更加稳定，以适应洗涤用酶的新要求。因此随着对洗涤用酶研究的不断深入，加酶洗涤剂能够更加适应市场和消费者的需求，在未来具有很大的发展空间。

2.6.3   制造化工产品

化工原料的生产通常采用化学合成法，需要在高温高压的条件下进行反应。对设备的要求高投资大，甚至造成环境污染。酶催化具有催化效率高、作用条件温和和环境友好等独特优势，已成为化工产业转型升级的优先选择。

我国在利用酶催化生产精细化工产品方面取得了不错的成果。例如，以丙烯腈为原料，在腈水合酶的催化作用下，可以加水合成丙烯酰胺。目前，已建立万吨级丙烯酰胺的生物法工业化生产装置；此外，利用酶法制备 L-苯丙氨酸和 D-泛酸已超千吨级规模，利用酶法制备 D-对羟基苯甘氨酸、烟酰胺、β-内酰胺前体（6-APA 和 7-ACA）与手性氨基酸等都得到了规模化应用。又如，苏州富士莱医药有限公司在华东理工大学许建和教授团队的技术支持下，建成 10 吨级反应器规模工业生产线，采用酶-化学偶联法新工艺生产(R)-硫辛酸，合成步骤从 6 步缩短为 3 步，产品光学纯度在 99% 以上，收率从 25% 增加到 55%，综合成本显著降低，环境负荷也大幅减少。

2.7　酶在能源炼制行业的应用

随着现代工业的发展，世界人口的激增，能源危机日趋加剧，开发保障人类生存与发展需要的清洁和可再生能源，越来越受到人们的重视。酶催化技术在推动可再生能源替代石油等矿物能源方面发挥了巨大作用。酶用于生物质能源开发的研究主要包括生产燃料乙醇、生产生物柴油、生物制氢等。

2.7.1　燃料乙醇生产

燃料乙醇是一种由生物质转化而来的可再生能源，广泛用作汽油的替代品，其 CO_2 排放相对较低，与传统的化石燃料相比，具有更好的环境效益。燃料乙醇是目前国际上重点研究和大力发展的一类重要生物质能源，并有望在不久的将来逐步替代化石能源。

燃料乙醇的生产过程大致分为两个阶段：第一个阶段是糖化，即将生物质原料转化为可发酵性的糖（通常为单糖）；第二个阶段是通过微生物（通常为酵母菌）发酵将糖类进一步转化为乙醇，再经蒸馏、脱水等工序制成燃料乙醇产品。糖化是乙醇生产的关键环节，糖化率的高低直接影响最终乙醇的产率。糖化主要是通过不同酶的水解作用来完成的。目前用于燃料乙醇生产的酶主要有糖化酶、淀粉酶、葡糖苷酶、纤维素酶、木聚糖酶以及木糖苷酶等。

燃料乙醇的生产原料主要分为两大类：一类为淀粉类多糖，包括玉米、木薯、甜高粱、陈化粮以及地瓜等；另一类是非淀粉多糖，主要包括农作物秸秆、林业废弃物等纤维质材料。淀粉类多糖的糖化相对比较简单，工艺比较成熟（多种酒的生产第一步就是糖化），蒸煮后添加 α-淀粉酶和糖化酶，控制适宜的反应条件，即可催化水解原料生成葡萄糖；而非淀粉多糖糖化时，由于生物质材料结合非常紧密，且存在结晶区水解酶很难直接水解，因此通常需要对原料进行预处理破坏纤维素的结晶区，使原料疏松，然后加入纤维素酶、葡糖苷酶对其中的纤维素进行水解生成葡萄糖。

使用淀粉性多糖为原料生产的第一代燃料乙醇，早已实现工业化生产和应用，但是其生产存在与人争粮的问题，因此在我国发展受到限制。为了解决这一问题，人们开始以纤维质材料为原料生产二代燃料乙醇。但由于纤维质材料的预处理需要耗费大量的能源，且纤维质材料酶解效率低，生产成本较高，目前还没有实现大规模的工业化生产。但二代燃料乙醇具有原料成本低、来源广泛等优点，具有巨大的发展潜力。在不久的将来，科学家有望开发出新型的原料预处理方式和更高效的纤维质降解酶，进一步降低生产成本，使二代燃料乙醇完全取代一代燃料乙醇。

随着科学技术的快速发展，近年来已经开发出诸多先进的生物技术来推动燃料乙醇的高效生产发展，如：优化发酵工艺策略，改进代谢工程策略，提升酶工程策略及加强固定化策略等，如图 2-10 所示。

酶工程技术和固定化策略均是通过改造酶特性进而推动燃料乙醇发展的一个重要研究领域。酶工程技术可以通过改变酶的结构和功能来提高燃料乙醇的生产效率和质量，从而推动燃料乙醇产业的可持续发展。其中，定向进化和理性设计是酶工程技术中改善酶特性的强大技术。如：通过设计纤维素酶的催化位点和底物入口来提升酶活性；通过定向进化提高纤

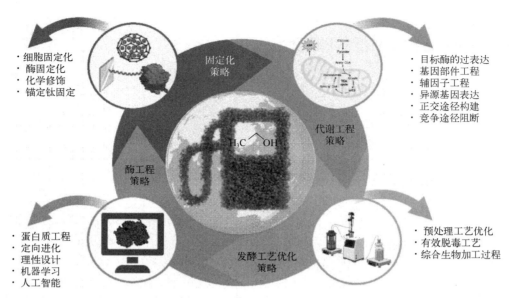

图 2-10　推动燃料乙醇高质量发展的先进生物技术（引自：李秀婷等，2023）

维素酶在非常规溶剂（离子液体、高盐浓度溶剂、有机溶剂）中的耐受性和 pH 稳定性等；利用蛋白质工程可改善纤维素酶在工业应用中缺乏的特性（活性、热稳定性和 pH 稳定性）或将纤维素酶的应用扩展到更为复杂的酶解环境中。

　　目前，随着人工智能技术的迅速发展，酶工程技术与人工智能的有效结合为该领域带来了许多新的机遇和挑战。首先，人工智能可以在酶的设计和优化中发挥重要作用。通过机器学习和深度学习算法，可以分析大量的酶结构和功能数据，以预测新酶的性能并进行合理设计。其次，人工智能可以帮助预测和优化酶的反应条件和催化机制。通过建立模型和算法，可以对酶催化反应的动力学和热力学进行准确预测，以优化反应条件和提高反应效率。这种预测能力对于酶催化的燃料乙醇生产过程的优化非常重要。最后，通过分析大规模的基因组和代谢组数据，人工智能可以揭示酶与代谢途径的关系，从而指导燃料乙醇生产的优化和调控。

延伸阅读

2.7.2　生物柴油生产

　　生物柴油是指以植物油脂以及动物油脂、餐饮垃圾油等为原料油通过酯交换或热化学工艺制成的可代替石化柴油的再生性柴油燃料。它是一种可生物降解的、可再生的清洁燃料，具有通用性强、燃烧性能好、节能降耗和高效环保等优势。

　　生物柴油的本质是脂肪酸单烷基酯，其中最典型的生物柴油是脂肪酸甲酯。生物柴油最普遍的制备方法是酯交换反应，即由植物油或脂肪中占主要成分的甘油三酯与醇在催化剂存在下发生酯交换反应，生成脂肪酸酯（图 2-11）。酯交换反应既可以通过化学法，也可以通过酶催化法进行。化学法往往需要在高温条件下使用到酸、碱催化剂，具有能耗大、成本高、污染环境等缺点。酶催化法生产生物柴油则具有条件温和、反应时间短、醇用量小、无污染排放、能耗小等优点，是绿色工业技术发展新方向和新趋势。

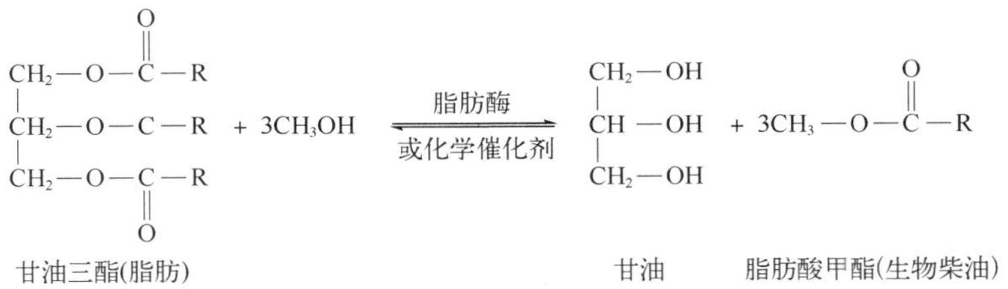

图 2-11 生物柴油生成的反应式

酶催化制备生物柴油的关键是获得性能优异的催化剂——脂肪酶。工业化的脂肪酶主要有动物脂肪酶和微生物脂肪酶。微生物脂肪酶种类较多，一般通过发酵法生产。按微生物种类不同，又分为真菌类脂肪酶和细菌类脂肪酶。在催化合成生物柴油反应过程中，不同的脂肪酶活性和特异性不完全相同。用于催化合成生物柴油的脂肪酶主要是真菌类脂肪酶，这些酶生产较为方便，与动物脂肪酶相比具有更高的活性。

我国酶法生产生物柴油的研究已取得了重大进展。有研究者以叔丁醇为反应介质，利用固定化脂肪酶催化油脂原料中的甲醇醇解制备生物柴油，得率可达 95%。在日产 200kg 的规模下，运用该工艺所制得的生物柴油产品，经严格检测，完全契合我国生物柴油相关标准。多种油脂底物包括大豆油、棉籽油、桐子油、乌桕油、废弃食用油（泔水油、地沟油）等都能被有效转化成生物柴油，而且脂肪酶保持良好的稳定性，重复使用 200 批次，酶活性没有明显下降。

北京化工大学完成了生物柴油高产脂肪酶菌株发酵工艺研究，获得了具有自主知识产权的脂肪酶高产菌种。脂肪酶的发酵水平为 8000U/mL，成本仅为 100 元/kg（1×10^5U/g）。同时，还开发了织物膜固定化脂肪酶的新工艺，建成年产 200t 生物柴油的中试生产装置，以植物油或废油为原料生产生物柴油的转化率达到 95% 以上。产品经分离精制调质后完全符合生物柴油生产标准。

2.7.3 氢气制造

随着工业的发展，污染日益严重，以氢能为代表的高效清洁能源越来越成为社会生存与发展的必然选择。氢能燃料电池电动汽车已被列为 21 世纪十大高新技术之首。氢气作为新能源的优点是环保无污染，资源广泛，热值大。

生物制氢是以废糖液、纤维素废液和污泥废液为原料，采用微生物发酵的方式制取氢气。发酵产氢的过程中，氢化酶（hydrogenase，EC1.18.3.1）起着重要的作用，通过诱发电子把水里的氢离子结合起来从而产生氢气。因此，筛选到氢化酶性能好的高产氢的微生物菌株是生物制氢的关键。

由于微生物发酵产氢的研究起步较晚，生物制氢技术离实际应用还有较大的距离。

2.8 酶在环保领域的应用

随着科学技术的不断发展，环境受到来自生产和生活废弃物污染的形势日趋严重，已成为制约人类可持续发展的关键瓶颈之一。如何保护和改善环境质量已是人类面临的重要课题。近年来，酶在环境检测和废水处理方面都发挥了重要的作用。

2.8.1 环境监测

环境监测是了解环境状况、掌握环境质量变化、进行环境保护的一个重要环节。酶法监测已广泛应用在农药、有害化合物、重金属和微生物污染等方面的监测中。特别是将固定化酶和电极结合制成酶传感器（图 2-12），用于监测环境中的一些微量化学物质如有机磷农药、苯并吡咯、氯代芳烃、硝酸盐、磷酸盐以及甲醇等，具有方便、快速、灵敏等特点。

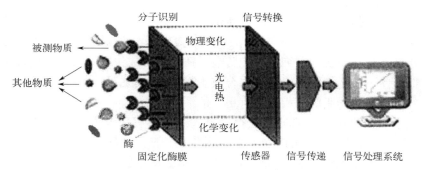

图 2-12 酶传感器工作原理示意图

例如，有机磷农药是胆碱酯酶和乙酰胆碱酯酶的抑制剂，可用胆碱酯酶和乙酰胆碱酯酶的活性变化来判定受检对象是否受到有机磷农药的污染；将含有亚硫酸盐氧化酶的肝微粒体固定在醋酸纤维膜上和氧电极制成安培型生物传感器，可对 SO_2 形成的酸雨雾样品进行检测；胆碱氧化酶生物传感器可用于检测氨基甲酸酯类农药西维因。酶传感器在环境监测中具有广阔的应用前景。

2.8.2 废水处理

废水中的有机污染物，大致可划分为可生物降解有机物与难降解有机物两类。可生物降解有机物通常结构较为简单，且亲水性良好，像甲醇、多糖等就属于此类。在自然环境里，细菌、真菌以及藻类能够轻松地将其分解。而难降解有机物，降解难度极大，在生物体内的代谢过程也极为迟缓，多环芳烃、多氯联苯以及滴滴涕便是典型代表。

延伸阅读

众多难降解有机物具有致癌、致畸以及神经毒性。一旦它们随着废水被排放出来，进而进入食物链，将会给人类健康带来灾难性后果。这类物质已引发广大科研工作者的高度关注。

废水处理技术主要分为三类：化学氧化技术、物理吸附技术以及生物处理技术。由于处理成本低和生态友好性，生物处理技术是目前广泛采用的技术。生物酶处理具有以下优点：①能处理难降解的化合物、高浓度或低浓度废水；②操作条件宽松，pH、温度和盐度的范围很广；③处理过程的控制简便易行。近年来酶在水处理中的作用日益受到重视，采用固定化技术制成的酶布、酶片、酶粒、酶粉和酶柱等已用于处理工业废水。

如辣根过氧化物酶、过氧化物酶、漆酶和酪氨酸酶能氧化各种酚类物质，广泛用于处理含酚废水；氰化物水合酶能水解氰化物（甚至浓度低于 0.02mg/L 也能处理）生成甲酰胺，常用于含氰废水的处理；将固定化蛋白酶应用于粮食加工废水的预处理，能将废水中不易生化降解的大分子转化为易于生物降解的小分子，大大提高了废水的可生化性。图 2-13 所示为利用固定化酶技术治理印染废水。

图 2-13　固定化酶技术治理印染废水

思考：酶工程是围绕酶的应用发展起来的技术，包括酶的生产、改性及其应用。请归纳总结酶在各领域的使用形式、存在的问题。为了更好地开发利用酶，需学习哪些技术？

产出评价

自主学习

1. 作为生物相关专业的学生，请从专业的角度介绍食用酵素、分析其功能，并给出合理的消费建议。

2. 查阅国内外文献，了解酶工程现阶段的研究热点及未来发展趋势。

3. 查阅国内外文献，调研某种酶（如氢化酶、脂肪酶、辣根过氧化物酶等）生产和应用的最新研究进展。

4. 近年来酶制剂的应用在纺织、印染、精细化工等行业中得到重视。试分析这些应用领域中，酶制剂应用需解决的问题是什么，可以通过何种途径进行改造。

单元测试

单元测试题目

3 酶活力测定

生产酶时，酶的得率如何、酶纯化的效率如何？应用酶时，需要添加多少酶合适？临床诊断时，体内的某种酶是否偏离正常水平？上述场景，都需要对酶进行定量。

虽然可以用质量和浓度描述酶量的多少，但作为生物催化剂，酶的催化能力才是酶研究、生产和应用中最关键的酶量指标，一般常用酶活力描述酶的催化能力。

3.1 酶活力与酶比活力

3.1.1 酶活力

酶活力常用于描述酶的催化能力，即在一定条件下酶所催化的某一化学反应速度的快慢。在反应条件相同的情况下，反应速度越大，酶活力越高，酶催化能力越强。酶的准确定量就是对它的催化能力进行定量，即测定酶的活力。酶催化的反应速度用单位时间内底物的减少量或产物的增加量（常用）表示。一般情况下，酶促反应体系中底物往往是过量的，测定初速时，底物减少量占总量的比例极为微小，不易准确测定，而产物则是从无到有，只要能准确测定即可。因此，一般以测定产物的增量来表示酶促反应速度较为合适。

例题 1： 在 37℃，pH7.0 的条件下，将浓度为 0.5mol/L 的底物溶液 5mL 与 5mL 酶液混合反应，准确反应 10min 用三氯乙酸终止，测得底物浓度为 0.01mol/L，求每分钟底物的变化量。（答案：$2.4×10^{-4}$mol/min）

1961 年，国际酶学委员会规定：在特定条件下（温度可采用 25℃、最适 pH、最适底物浓度），酶每分钟催化 1μmol 底物转化为产物的酶量定义为 1 个酶活力单位，称为国际单位（IU）。由于这个规定没有法律效力，实际使用的酶活力单位的定义各不相同。可能会因为测定方法和使用习惯的不同，对同一种酶给出不同的酶活力单位定义。在酶的研究和使用过程中，务必注意这一点。

例题 2：在 37℃，pH7.0 的条件下，将浓度为 0.5mol/L 的底物溶液 5mL 与 5mL 酶液混合反应，准确反应 10min 用三氯乙酸终止，测得底物浓度为 0.01mol/L。在 37℃，pH7.0 的条件下，酶每分钟催化 1μmol 底物转化为产物的酶量定义为 1 个酶活力单位。求 5mL 酶的酶活力及 1mL 酶的酶活力。（答案：240U、48U）

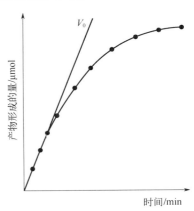

例题 1、2 解答

将产物浓度对反应时间作图（图 3-1），反应速度即为图中曲线的斜率。从图 3-1 中可以看出，反应速度只在最初一段时间内保持恒定，随着反应时间的延长，酶反应速度逐渐下降。引起反应速度下降的原因有很多，如底物浓度下降，酶在一定 pH 下部分失活，产物抑制效应的产生，产物浓度增大后逆反应加速进行等。因此，测定酶活力应以测定其初速度为准。这时上述各种干扰因素尚未起作用或影响甚微，速度基本保持恒定。

实际应用中，将测量值（如吸光度值）转化成物质的量（mol 或 μmol）计算酶活力时，经常会涉及复杂的换算。因此，为了简单方便，可将习惯上或测定时使用的反应速度的单位定义为酶的活力单位，如用单位时间内吸光值的变化（$\Delta A/t$）表示酶活力单位。例如，每分钟吸光值变化 0.001 个单位为 1 个酶活力单位。这种单位多用于进行不同时间、不同条件下酶活力的相对比较，如测定最适温度、最适 pH 时比较方便（图 3-2）。

图 3-1　酶反应进程曲线

例题 3：某酶制剂每毫升的酶活力为 42 单位。请计算 1mL 反应液中含 5μL 酶制剂时的反应初速度。若 1mL 反应液含 5μL 酶制剂，在 10min 内消耗多少底物？（答案：0.21U，2.1μmol）

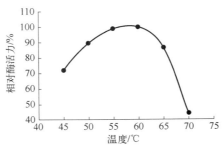

视频

图 3-2　酶活力相对比较的示例

3.1.2　酶比活力

为了比较酶制剂的纯度和活力的高低，常常采用比活力这个概念。酶的比活力是酶纯度的量度指标，是指在特定条件，单位质量（mg）蛋白质或 RNA 所具有的酶活力单位数，即：

$$酶比活力=酶活力/mg（蛋白质或者RNA）$$

例题 4：某酶制剂 2mL 内含脂肪 10mg，糖 20mg，蛋白质 25mg，其酶活力与市售酶商品（每克含 2000 酶活力单位）10mg 相当，问酶制剂的比活力是多少？（答案：0.8U/mg）

3.2　酶活力测定

3.2.1　酶活力测定原理

根据酶活力的概念，其反应动力学过程可以用米氏方程描述，即：

$$v = \frac{k_3[\text{E}][\text{S}]}{K_\text{m} + [\text{S}]}$$

式中，v 为反应速度；k_3 为由中间产物 [ES] 转变为产物的速度常数；[E] 为酶浓度；[S] 为底物浓度；K_m 为常数。

可知，如果控制反应条件，固定底物浓度，则酶反应速度与酶浓度成正比，只受酶浓度因素影响。所以，酶活力（即酶量）测定的关键是控制测定反应的条件，排除酶之外其他因素的干扰。

3.2.2　影响酶活力测定的因素

若要精确测定酶活力，必须确保待测酶成为影响反应速度的唯一变量，而其他所有因素均处于有利于酶分子发挥作用的状态。在进行酶活力测定，尤其是构建一种全新的酶活力测定方法时，需要综合考量以下几个因素的影响。

3.2.2.1　底物

一般地，测定用的底物就是酶的最适底物。例如，测定脂肪水解酶活力用橄榄油为底物，测定葡萄糖氧化酶活力以葡萄糖为底物，测定纤维素酶活力以纤维素为底物。有些酶具有绝对专一性，底物只有一种，如葡萄糖氧化酶、淀粉酶。有些酶表现相对专一性，则需要选择 K_m 较小的作测定用底物。

一般还要求测选用的底物在反应前后伴随物化性质变化，如颜色变化、产气或 pH 变化，方便检测反应的进行。如过氧化氢酶的底物选用还原型联甲苯胺，生成的蓝色氧化型的联甲苯胺可比较方便地用分光光度计检测。

$$\text{H}_2\text{O}_2 + 还原型联甲苯胺 \xrightarrow{\text{过氧化氢酶}} 氧化型蓝色联甲苯胺 + \text{H}_2\text{O}$$

测酶活时，为保证酶促反应速度不受底物限制，需要使全部待测酶分子都能被底物饱和，所以应该使用足够高的底物浓度。例如 [S] $\gg 100K_\text{m}$，则 $V \approx k_3[\text{E}_0]$，即酶反应速度不受 [S] 影响，反应速度可达最大，此时测得酶反应速度能真正代表酶浓度，代表酶催化一定化学反应的能力。一般认为，测活过程中消耗的底物量小于起始底物量的 5%，该起始底物量对于该酶反应就是足够的。

3.2.2.2　pH

pH 对酶反应可产生多种影响，所以进行酶活力测定要注意选择适宜的 pH，并维持在这一范围内，一般选择在酶反应的最适 pH 条件下测定酶活力，要注意的是最适 pH 可能因温度与底物浓度不同而异。pH 的稳定通常借助缓冲系统来控制。缓冲系统的离子种类、离子强度十分重要。缓冲体系不同，即使同一酶反应，所呈的活性水平也可能存在差异。以下是一些通用规则。①pK 值匹配原则：优先选择 pK 值与酶反应最适 pH 相近的离子，理想情况下二者差值应在±1 范围内，因为在此条件下，缓冲系统的缓冲能力最强。例如，当酶反应的最适 pH 高于 7.5 时，磷酸缓冲液便不太适用，此时应选用 Tris（三羟甲基氨基甲烷）缓冲液。②避免化学反应原则：必须留意所选缓冲液中的离子与反应系统中的其他离子是否会发生化学反应。像柠檬酸、磷酸能够与 Ca^{2+} 等多价阳离子发生络合反应，而硼酸会与呼吸链中的递体等多种有机化合物结合，这些反应均可能抑制相应酶的活性。③无酶抑制原则：确保缓冲离子不会对酶产生抑制作用。Tris 和磷酸缓冲液对多数酶反应并无抑制效果，因此在实际应用中被广泛采用。④pH 稳定性原则：所选用的缓冲系统不应因稀释或温度变化而导致 pH 大幅波动。例如，磷酸缓冲液从 0.5mol/L 稀释至 0.05mol/L 时，pH 可能会改变 0.3 个单位。关于温度变化引起的 pH 变动数值，可查阅一般的实验手册获取相关数据。

如果有些缓冲液在可见或紫外区有光吸收，则不能用光吸收方法来测定酶反应。同样，有些缓冲液本身有电学性质变化，则酶反应不能用电学性质方法来测定。总之，采用的缓冲液不能干扰测定。在选择离子强度时除了应保证反应体系 pH 恒定外，也必须考虑到它可能对反应体系及酶本身带来的影响。一般如酶反应中无 [H^+] 变化，则离子强度通常选 0.02～0.05mol/L，再则如有 [H^+] 变化，则选 0.1～0.5mol/L。此外，要求缓冲系统价廉且易制备，不能被酶或反应系统破坏。

3.2.2.3　温度

温度对酶反应影响显而易见，酶反应的温度每变化 1℃，反应速度相差 10%以上。所以，测酶活力时温度保持恒定十分重要，一般应控制在±1℃以内。1961 年国际酶学委员会建议 25℃为标准酶反应温度，1964 年又建议改为 30℃。

3.2.3　酶活力测定方法

酶活力测定常用的方法有终点法（平衡法）、终止法（固定时间法）和连续监测法（动力学法）三类。

3.2.3.1　终点法（平衡法）

终点法，亦称平衡法，它是指在确定条件下，让酶作用一定量的底物，然后检测反应系统达到某一指标所需要的时间，并根据时间的长短估计酶活力的一种方法，酶活力常以时间的倒数（1/t）直接表示。如：工业生产 α-淀粉酶就常采用这种方法进行测定。碘对淀粉呈现蓝色反应，当淀粉溶液中加入淀粉酶后，碘的蓝色反应消失而呈现红棕色。蓝色消失所需的时间长短可表征酶活力大小，所需时间越短表示酶活力越高。

终点法通常以取样方式进行，即在酶和底物混合后，在酶作用的不同时间里，从反应系统中取出部分样品进行检定，然后根据达到某种指标所需要的时间来确定酶的活性或含量。这种方法的主要缺点是不精确，近似于半定量，而且不能观察全过程，因此现在应用较少。

终点法举例：血清胆碱酯酶检定纸片

纸片上浸有氯化乙酰胆碱和溴麝香草酚蓝，测定时只需将待检血清和纸片在37℃一起保温，如胆碱酯酶有活性氯化乙酰胆碱就会被水解生成醋酸，使pH指示剂由深蓝转变为黄绿。根据这种转变所需要的时间可对血清中胆碱酯酶的水平作出估计。

3.2.3.2 终止法（固定时间法）

终止法是在恒温反应系统中进行酶促反应，一段时间后终止酶反应，然后分析产物产量或底物的消耗量。终止酶反应的方法有很多，常用的有：①反应时间一到，立即置于沸水中，加热使酶失活；②加入适宜的酶变性剂，如三氯乙酸等，使酶失活；③加入酸或碱，使反应液的pH值迅速远离催化反应的最适pH，使反应终止。在实际使用中，要根据酶的特性、反应底物和产物的性质及酶活力测定的方法等加以选择。

终止法举例：β-葡聚糖酶活力测定

（1）原理

β-葡聚糖酶水解β-葡聚糖，产生的还原糖可将3,5-二硝基水杨酸（DNS）中的硝基还原成橙色的物质。通过测定反应液的吸光度，从而计算出待测液β-葡聚糖酶活力。酶活力单位：每分钟吸光值变化0.001个单位为1个酶活力单位。

（2）底物和待测酶液的制备

称取β-葡聚糖1g溶于100mL 0.05mol/L的酸性缓冲液中，磁力搅拌至完全溶解。保存在4℃的冰箱内。使用前恢复到室温，并摇匀。用缓冲液稀释原酶液。

（3）酶活力的测定

取三支试管各加入0.5mL底物，与待测酶液一起在40℃±1℃水浴中预热5min。在第一、二试管中各加入0.5mL待测酶液，40℃水浴中反应10min。在三支试管中各加入3mL的DNS试剂，然后在第三支试管中加入0.5mL的待测酶液；摇匀三支试管后，在沸水浴中煮5min。水浴冷却至室温后，以第三支试管为对照在540nm条件下测第一、二试管样的吸光值。

3.2.3.3 连续监测法（动力学法）

连续监测法是指每隔一定时间（比如1s、2s、5s或10s等）测定酶反应过程中某一反应产物或底物的量，连续多次，记录反应产物或底物随时间变化的数据，计算线性期的酶反应速度，即为该酶的酶活力。酶促反应进程曲线如图3-3所示。

连续监测法测定酶活力，不需要取样或终止反应，而是基于反应过程中光谱吸收、气体体积、酸碱度、黏度等的变化用仪器跟踪检测反应进行的过程，记录结果，算出酶活性。

该方法适用于自动生化分析仪，能动态观测酶促反应进程，选择线性期的酶反应速度，结果准确可靠。可在短时间内（一般≤3min）完成测定，标本和试剂用量少。该法适用于一些反应速度较快的酶，很多氧化还原酶都可以利用此法测定其活力。此外，当底物存在毒性大、价格贵、溶解度小、抑制酶反应等状况致使无法采用高底物浓度时，连续检测法有无可比拟的优势。

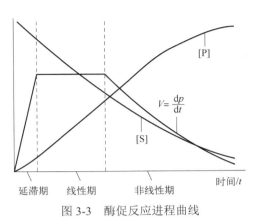

视频

知识拓展

图 3-3　酶促反应进程曲线

连续监测法举例：肌酸激酶的酶活测定

（1）原理

肌酸 + MgATP^{2-}→MgADP$^-$ + 磷酸肌酸+H$^+$，用百里酚蓝作为 pH 指示剂，测定 597nm 吸光度的变化，用于计算酶活性。

（2）底物

用含 24mmol/L 肌酸、4mmol/L ATP、5mmol/L 乙酸镁、0.01%百里酚蓝的 Gly-NaOH（pH值 9.0）缓冲液作底物溶液。

（3）测定

取 1.0mL 的底物溶液置于微量比色皿中，加 10μL 酶液于比色皿中，迅速混匀后立即用 UV-1800 分光光度计实时监测 A_{597}。

思考：为什么连续检测法比固定时间法准确、省时？

视频

3.2.4　底物或产物变化量的测定

终止法和连续监测法是酶活力测定比较常用的方法。其原理均是：在一定的条件下，酶反应速度和酶浓度成正比，因此测定单位时间内底物或产物的变化量即可求得酶浓度。底物或产物的变化量的检测，可根据酶反应特点，采用比色法、量气法、滴定法、分光光度法、酶偶联分析法等。

3.2.4.1　比色法

如果酶反应的产物可与特定的化学试剂反应而生成稳定的有色溶液，且生成颜色的深浅与产物的浓度在一定的范围内有线性关系可用此法。如蛋白酶的活力测定。蛋白酶可水解酪蛋白，产生的酪氨酸可与福林试剂反应生成稳定的蓝色化合物，在一定的浓度范围内，所生成蓝色化合物颜色的深浅与酪氨酸的量之间有线性关系，可用于定量测定。

3.2.4.2　量气法

主要用于有气体产生的酶促反应，如氨基酸脱羧酶、脲酶的活力测定。产生的二氧化碳的量可用特制仪器（如瓦氏呼吸计）测定。根据气体变化和时间的关系，即可求得酶反应速度。

3.2.4.3　滴定法

如果产物之一是自由的酸性物质可用此法。如脂肪酶催化脂肪水解，脂肪酸的增加量代表脂肪酶的活力。

3.2.4.4　分光光度法

利用底物和产物光吸收性质的不同，可直接测定反应混合物中底物的减少量或产物的增加量。几乎所有的氧化还原酶均可使用该法测定。如还原型辅酶Ⅰ（NADH）和辅酶Ⅱ（NADPH）在 340nm 有吸收峰，而 NAD^+ 和 $NADP^+$ 在该波长下无吸收，脱氢酶类亦可用此法测定。本方法测定迅速、简便，自动扫描分光光度计的使用给酶活力的快速准确测定提供了极大便利。

3.2.4.5　放射性同位素法

它是酶活力测定中较常用的一种方法。一般用放射性同位素标记底物，在反应进行到一定程度时，分离带放射性同位素标记的产物并进行测定，即可测定反应进行的速度。

3.2.4.6　酶偶联分析法

某些酶本身没有合适的测定方法，但可偶联另一个酶反应进行测定。其基本方法为：应用某一高度专一性的工具酶使被测酶反应能继续进行到某一可直接连续且简便准确测定阶段的方法。如：被测（E_1）反应的产物 B 是某一脱氢酶（E_2）的底物，向反应体系中加入足量的脱氢酶和 NAD^+ 或 $NADP^+$，使反应由 A 经 B 继续进行到 C，然后测定 NADH 或 NADPH 的特征吸收光谱变化，即可间接地测定 E_1 的活力大小。己糖激酶的活力测定即使用该方法。值得注意的是，使用该法要求指示酶必须很纯，且具有高度专一性，以免干扰反应而给测定带来不便。

思考：如果一种酶没有合适的酶活力测定方法，能否研究其生产工艺或其功能应用？如何建立酶活力测定方法呢？

产出评价

自主学习

1. 如何建立酶活力的测定方法？（概述或具体以某一种酶为例均可）
2. 如何开发酶活力检测试剂盒？

实践项目

酶活力的测定（固定时间法+连续检测法）

实验项目

单元测试

单元测试题目

4 酶的分离纯化与制剂制备

知识目标： 理解粗酶液制备、沉淀、层析、电泳、萃取等技术的原理和操作要点；能进行酶回收率及纯化倍数的计算。

能力目标： 能根据酶原料的特点选择合适的粗酶液制备方法，能根据酶的理化性质选择酶的粗分离技术和精制技术；能通过酶活力测定、回收率及纯化倍数判断分离纯化工艺的优劣；能进行酶分离纯化工艺的初步设计。

素质目标： 提升独立思考、分析问题、解决问题的能力；提升社会责任感及自主学习和终身学习的能力。

生产制备一定纯度的酶样品或产品是进行酶学研究和酶应用的基础。目前，酶的生产制备方法有三种——提取分离法、化学合成法和生物合成法。其中生物合成法（特别是微生物发酵法）是生产酶的主要方法。无论哪种方法，酶的分离纯化都是酶生产过程中的重要环节。

酶的分离纯化是指根据酶的性质特点将其从细胞或其他含酶原料中抽提出来，并采用相关技术使其与杂质分离，制成一定纯度样品（或产品）的过程。不同种类或同一种类不同来源的酶，其稳定性或所处杂质环境的不同，决定其分离纯化所采用的方法和工序不同。一般情况下，原料酶分子所处的环境越复杂，生产纯度要求越高，酶的纯化工序就越复杂，往往需要多种方法协同作用才能完成酶的纯化工作。

4.1 酶分离纯化的一般过程

酶分离纯化的一般过程为：选择原料→提取液→粗酶液→纯化酶→均质酶。首先选择合适的含酶原料，通过破碎、抽提及固液分离等技术，让酶转移或保留在液体中，得到含目标酶的提取液，通过盐析沉淀等粗分离技术，得到粗酶液（大约1%的纯度），使用各种柱色谱技术得到一定纯度的纯化酶（50%～90%的纯度），进一步采用制备式电泳可得到均质酶（图4-1）。酶学研究的目的及酶的应用领域不同，对酶纯度的要求也不同。

4.2 分离纯化的基本原则

为得到高纯度、高活力的酶，并减少分离纯化过程中的酶损失，在酶的分离纯化过程中应遵循以下基本原则。

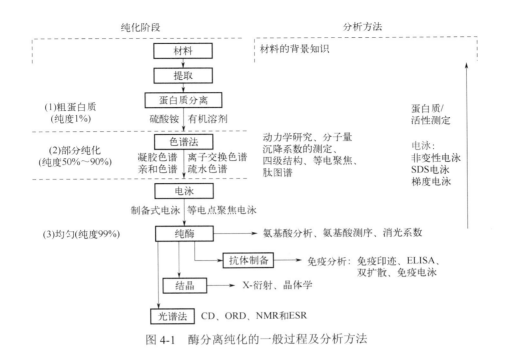

图 4-1　酶分离纯化的一般过程及分析方法

思考：为什么蛋白测定、酶活力测定和电泳要贯穿酶分离纯化全过程？

（1）选择合适的产酶原料　一般应以目的酶含量多的组织或细胞发酵液等为原料，同时综合考虑原料的来源、取材途径、经济等因素。一般遵循以下原则：①来源丰富易得、最好能综合利用的原料；②材料有效成分含量高，制造工艺简单易行；③注意生物材料的种属特异性；④植物材料要注意季节性，动物材料要注意生理状态，如分离制备凝乳酶需要采用哺乳期猪或牛的胃为原料，微生物一般采用对数生长期的菌体。

（2）了解酶的用途　在纯化酶之前，需要清楚制备酶的用途，据此制定纯化目标，才能合理地选择酶的纯化工艺和方法。如医药、科研、质量检测等领域用酶对纯度要求较高，分离酶时可以考虑选择分辨率高的分离纯化技术，如色谱技术；而普通食品、饲料等领域用酶对纯度要求较低，为了节约成本，可考虑选择分辨率低一些的沉淀、萃取等技术。

（3）根据理化性质选择有效的纯化方法　在纯化酶之前，一般需要先了解酶的理化性质，以及酶与杂质理化性质的差异，如分子量、等电点和溶解度等方面的差异。依据它们理化性质的差异，选择有效的纯化方法。尽可能减少纯化步骤，缩短纯化时间，减少酶的损失，提高酶的回收率。

（4）纯化过程中注意保持酶活力　酶离开其原环境后，其活性易受外界因素的影响，如温度、pH、离子强度及泡沫等因素均会影响酶的活性。因此，在酶分离纯化与保藏过程中应保证酶处于适宜的环境中，减少酶活力的损失。常用的方法有：①低温操作（尤其是有机溶剂存在时）。②选择 pH 和离子强度适宜的缓冲液体系。③减少泡沫的形成，因为酶蛋白在泡沫表面或界面处易氧化变性。④添加金属螯合剂、还原剂和蛋白酶抑制剂等酶保护剂。金属螯合剂可螯合重金属离子，还原剂具有抗氧化的作用，蛋白酶抑制剂可以抑制杂蛋白酶的活性，从而避免目标酶的酶活力损失。

（5）酶活力检测贯穿始终　酶活性检测应贯穿整个纯化过程，如实反映在抽提、纯化及制剂等环节酶的活力变化。通过计算分离纯化过程中各环节的酶活回收率，考查酶的得率，防止酶损失太多，通过计算纯化倍数（纯度提高比），评估各环节的纯化效率。

酶回收率是纯化后酶样品的总活力除以纯化前酶样品的总活力，公式表示为：酶回收率=纯化后酶总活力/纯化前酶总活力×100%。纯化倍数是纯化后酶比活力除以纯化前酶比活力，即：纯化倍数=纯化后比活力/纯化前比活力。纯化倍数也称纯度提高比，数值越大说明该步骤的纯化效率越高。

多步骤的分离纯化过程中，一般用下面的公式：酶回收率（产率）=每次酶总活力/第一次酶总活力×100%，纯化倍数=每次酶比活力/第一次酶比活力。第一次酶总活力和第一次酶比活力一般是指提取液的酶总活力和酶比活力。

例题 1：某酶的初提取液经过一次纯化后，经测定得到下列数据，试计算比活力、百分产量（回收率、产率）及纯化倍数。

项目	体积/mL	酶活力/(U/mL)	蛋白质/(mg/mL)	总蛋白量/mg	总活力/U	比活力/(U/mg)	纯化倍数	得率/%
初提取液	120	200	10					
$(NH_4)_2SO_4$ 盐析	10	810	20					

在制备酶制剂时，总是希望纯化倍数高的同时也获得较高的回收率，但二者往往不能兼顾，一方的提高就会以另一方相对降低为代价。因此，在实际生产中，要根据实际情况进行合理取舍。

答案

4.3　酶提取液的制备技术

一般用破碎、抽提及固液分离等操作技术处理含酶原料制备酶提取液。制备酶提取液是进行目标酶精细分离的重要前提。酶的原料不同，酶提取液的制备过程则不同。固体的含酶原料，如动植物或大型蕈菌子实体等，一般经过破碎、抽提和固液分离，得到酶提取液。含酶的动植物细胞或微生物培养液，则一般通过预处理改变培养液特性，再通过固液分离操作，以获得细胞和胞外澄清液。如果酶在细胞中，像处理上述固体原料一样，进行细胞破碎、抽提和固液分离，得到酶提取液；如果在胞外澄清液中，胞外澄清液即称为酶提取液。

4.3.1　细胞破碎

对于胞内酶或组织来源的酶，需要先进行细胞破碎，酶分子释放后才能抽提出来，得到粗酶液。常用的细胞破碎方法主要有机械破碎法、物理破碎法、酶促破碎法和化学破碎法等四大类（表 4-1）。其中，后三种方法又可统称为非机械法。操作时，应依据样品量的大小、细胞或组织的外层结构、酶的存在部位及稳定性不同，选择合适的破碎方法和操作条件。

表 4-1 细胞破碎方法、作用机制、应用对象及优缺点

分类		作用机制	主要应用对象	优点	缺点
机械破碎法	捣碎法	固相剪切力	动植物组织	样品处理量大，一次性破碎效率高	选择性较差，工作时会使样品温度升高，易造成酶失活
	研磨法	固相剪切力	细胞或组织		
	匀浆法	液相剪切力	细胞或组织		
物理破碎法	温度差破碎法（反复冻融法）	冰晶作用	微生物细胞	不需特殊设备，不引入其他杂质或离子，有利于后续分离纯化	单独使用时细胞破碎效率低，酶活力回收率不高
	压差破碎法	压力突变	各类细胞	可处理多种细胞	通过压力变化导致细胞破碎，产生的杂质较多
	超声波破碎法	液相剪切力和空化作用	微生物细胞	使样品温度升高，易造成酶失活	快速、有效、可靠和使用方便
酶促破碎法	自溶法	酶水解作用	各类细胞	不引入外来物质，有利于酶的后续纯化	可能会引起酶蛋白的变性
	外加酶法			核酸释放少，有利于后续分离纯化	成本高，通用性差
化学破碎法	有机溶剂法	溶脂作用，改变细胞壁、膜的通透性	各类细胞	细胞碎片少，黏度低，易于后续固液分离	试剂通用性差，易使酶变性失活，破碎效率低
	表面活性剂法				

下面详细介绍常用的机械破碎法和物理破碎法。

4.3.1.1 机械破碎法

机械破碎法指利用机械运动产生的剪切力使细胞破碎的方法，如捣碎法、研磨法、匀浆法等。机械破碎法具有破碎快、适用于多种细胞和组织等优点。但该类方法工作时产生的热量会使样品温度升高，易造成酶失活。因此，机械法破碎时应采取相应的冷却措施。

4.3.1.1.1 捣碎法

捣碎法指利用捣碎机（或搅拌机）高速旋转叶片产生的剪切力将组织细胞破碎的方法，常用于动物内脏、植物叶芽等嫩脆组织的破碎。使用该法破碎细胞时，应提前将样品置于适宜的浸提溶液中，一方面有利于保持酶的稳定性，另一方面还可以在破碎的同时进行酶的提取，提高酶的提取效率，缩短酶提取液的制备时间。

彩图

4.3.1.1.2 研磨法

研磨法指利用研钵、球磨等研磨器械工作时产生的固相剪切力使组织、细胞破碎的方法，具有一次性破碎率高及物料适应性强等优点。研钵操作温度不易控制，常用于液氮冷冻过的样品的破碎；电动研磨机研磨样品时，需要将研磨球和样品一起加入研磨罐（或离心管），研磨时，研磨罐上下、左右震动，研磨球之间剪切力劈碎细胞。配有冷冻装置的电动研磨机可以用于温度敏感性酶样品的处理。实验室用小型电动研磨机及研磨效果见图 4-2，操作过程见图 4-3。

视频

图 4-2　实验室用小型电动研磨机及研磨效果图

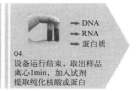

图 4-3　实验室用电动研磨机的操作过程

　　工业上常用的研磨装置一般称为珠磨机（或称球磨机）。珠磨机腔体内侧有分散栓，中间的转轴上也有分散栓，研磨时腔体内放置一些硬质的球体，如玻璃球、钢球等，转子转动，球体之间的摩擦力使颗粒原料破碎。为了防止研磨过程中产生的热量破坏酶活性，腔体和转子上均设置有冷却夹套，采用夹套冷却的方式控制工作温度。

4.3.1.1.3　匀浆法

　　匀浆法指利用匀浆器所产生的液相剪切力使动植物组织或微生物细胞破碎的方法。按照操作方式的不同，匀浆法可以分为手工匀浆和机器匀浆。手工匀浆一般采用玻璃匀浆器，包括一个内壁经过磨砂的管和一根表面经过磨砂的研杆，研杆和管的内壁之间只有几百微米的间隙，在压力的作用下，样品从间隙间穿过时得到破碎，仅适用于比较脆嫩的叶片、肝组织等。电动匀浆器可直接在离心管中匀浆，配上不同规格的匀浆杆和离心管便可实现从 0.5mL 至 50mL 的组织匀浆。电动匀浆器匀浆速度快，适用范围广，已成为实验室常用匀浆设备。

　　　　　视频

　　　　　视频

　　　　　视频

　　工业上常用的匀浆设备是高压均质机。高压均质机对细胞悬液加以高压，使其快速通过针型阀，在经过阀芯和阀座之间的环隙时因通道突然变窄而高速流出，并冲击撞击环，细胞因受到剪切力、撞击力和压力等作用而破碎（图 4-4）。高压匀浆法常用于微生物细胞如革兰氏阴性菌（形成包涵体的工程菌除外）、较大的革兰氏阳性菌及植物细胞等的大规模破碎，破碎效率高。对于细胞壁机械强度较大的微生物细胞，如酵母菌、革兰氏阳性菌等，可先采用化学或酶促破碎法使细胞壁弱化后，再进行高压匀浆破碎。

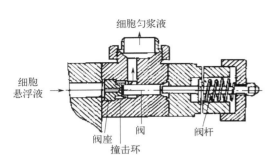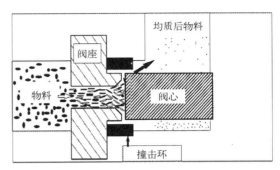

图 4-4　高压均质机结构及工作原理示意图

匀浆法常用于破碎小颗粒、易分散的细胞，对于大块的组织或细胞团，则需先用研磨或捣碎的方法使之分散后才能进行匀浆，匀浆法对细胞的破碎程度较高，对酶的活性影响也不大。

视频

4.3.1.2　物理破碎法

利用温度、压力、超声波等物理因素的作用，使细胞破碎的方法，称为物理破碎法。主要包括温差破碎法（反复冻融法）、压差破碎法和超声波破碎法等。

4.3.1.2.1　温差破碎法

常用的是反复冻融法。其操作是将细胞悬液置于低温下快速冷冻、室温下缓慢融解，反复多次使细胞破碎。该法一般不需要特殊破碎设备，且不引入其他杂质或离子，有利于后续分离纯化。此外，单独使用时细胞破碎效率低，酶活力回收率不高，常与其他破碎方法联合使用。如先将物料于低渗溶液中反复冷冻融解，再进行匀浆破碎，即可以提高细胞破碎效率。

4.3.1.2.2　压差破碎法

通过压力的突然变化，使细胞破碎的方法，称为压差破碎法。在适宜的温度下，对容器内加有石英砂等助磨剂的细胞悬浮液施以高压（50～500MPa）冲击，使细胞破碎的方法，称为高压冲击法。另外，还可以快速降压破碎细胞，通常先将细胞悬液在高压容器内（30MPa以上）平衡一段时间，然后打开出口阀门，细胞迅速流出至常压环境，从而因压力剧降而膨胀破碎。渗透压变化法是将细胞悬液放入高渗溶液中平衡一段时间，离心收集后，迅速转入低渗溶液中，细胞迅速吸水而膨胀破裂的方法。渗透压变化法作用条件温和，适合革兰氏阴性菌或者溶菌酶处理过的细菌、红细胞等。

4.3.1.2.3　超声波破碎法

超声波破碎法是利用超声波发生器所发出超声波的空化作用，使细胞破碎的一类方法。超声波破碎微生物细胞，具有快速、有效、可靠和使用方便等优点，广泛用于实验室水平的各类细胞破碎。但是，超声波破碎法

视频

的缺陷限制了其在生产中的大规模应用。如超声破碎过程中，易造成局部过热而使酶蛋白失活，除了需在低温环境下（如冰水混合物中）进行操作外，还需设置间隔时间，超声几秒后，停一段时间，待样品温度下降后，再继续超声；此外，细胞碎片过细小，内容物释放较多，也不利于后续的分离纯化。

4.3.1.3 化学破碎法

通过加入有机溶剂（丙酮、丁醇、甲苯及氯仿等）、表面活性剂（吐温等）和金属离子螯合剂（如 EDTA）等化学试剂，改变细胞壁或细胞膜的通透性而使细胞破碎、内容物释放的方法，称为化学破碎法，特别适用于膜结合酶的溶解提取。

化学破碎法破碎的细胞外形完整，碎片少，可选择性释放胞内小分子酶蛋白，大分子如核酸等则滞留在细胞内部，浆液黏度低，易于后续固液分离。化学破碎法也存在着易使酶蛋白变性、单独使用破碎效率低等问题。因此，化学破碎法很少单独使用，常与酶水解法或超声波破碎法联合使用。

4.3.1.4 酶促破碎法

通过细胞自身的酶系或者外加酶的催化作用，使细胞因外层结构水解而破碎的方法称为酶促破碎法。根据作用酶的来源不同可分为自溶法和外加酶法。

自溶法指通过控制一定条件，使细胞本身产生过量的溶胞酶或激发自身溶胞酶的活力，进而破坏自身外壁结构并释出胞内物质的方法。如将大肠杆菌置于 37℃ 下，6h 后能达到较高的细胞破碎率。自溶法一般不引入外来物质，有利于酶蛋白的后续纯化，但该操作常引起酶蛋白的变性。

外加酶法指根据微生物细胞壁的结构和化学组成，将细胞置于低渗溶液中并加入适量的外源胞壁水解酶，使细胞因细胞壁结构破坏而膨胀破碎的方法。常用的外加酶有溶菌酶、纤维素酶、果胶酶、甘露聚糖酶和几丁质酶等。外加酶法破碎细胞的核酸泄出量少，外形完整，有利于后续的固液分离。但外加酶成本高，也给后续目标酶的分离纯化带来了困难。

4.3.2 酶的提取

酶的提取指在一定的条件下，用适当的溶液处理破碎的含酶原料，使酶充分溶解到溶液中的过程，也称为酶的抽提。其原则是使尽可能多的酶和尽量少的杂质从原料中转到溶液中。

4.3.2.1 提取方法

首先应根据酶的溶解性质和稳定性来选择合适的提取液。根据"相似相溶"原理，极性的酶易溶于极性的水中。但纯水的提取效果并不好，一般用稍加"改造"的水，如盐溶液、稀酸溶液、稀碱溶液进行提取。但对于与脂质结合牢固或含有较多非极性基团的酶，则用与水互溶的有机溶剂进行提取。常用的酶提取方法如表 4-2 所示。

表 4-2　常用的酶提取方法

提取方法	使用的溶剂或溶液	提取对象
盐溶液提取	0.02～0.5mol/L 的盐溶液	在低浓度盐溶液中溶解度较大的酶
酸溶液提取	pH 2～6 的水溶液	在稀酸溶液中溶解度大且稳定的酶
碱溶液提取	pH 8～12 的水溶液	在稀碱溶液中溶解度大且稳定的酶
有机溶剂提取	可与水互溶的有机溶剂	与脂质结合牢固或含有较多非极性基团的酶

4.3.2.2　影响因素

影响酶提取的因素主要包括酶在溶剂中的溶解度及向溶剂中扩散的速度，而二者又与提取溶剂的种类与浓度、提取温度、pH 及提取液体积等因素有关。

（1）溶剂的种类与浓度　同一种酶在不同的溶剂中其溶解度和稳定性一般不同。因此，应依据酶在溶剂中的特性，选择合适的提取剂。如胰蛋白酶在弱酸性条件下稳定、溶解度大，宜采用稀酸溶液提取；碱性脂肪酶在弱碱性条件下稳定，宜采用稀碱溶液提取；而琥珀酸脱氢酶和细胞色素氧化酶等与脂质结合紧密或疏水基团含量较高，宜采用有机溶剂法提取。溶剂的浓度对酶的提取也有影响。如使用 0.02mol/L 磷酸盐缓冲液提取大豆皮中过氧化物酶时，提取效率是 0.01mol/L 和 0.03mol/L 磷酸盐缓冲液提取的 2 倍多。

（2）温度　一般条件下，适当提高温度可加快酶分子的扩散速度，增加酶的溶解度。但温度过高则容易导致酶蛋白变性失活。特别是用有机溶剂进行提取时，遇热易变性，应在低温（0～10℃）下提取。

（3）pH　酶蛋白分子在不同的 pH 环境下可离解为带不同荷电的基团。在等电点附近，酶分子的溶解度最小，提取效率最低。因此，为提高提取效率，应使提取液的 pH 远离目的酶分子的等电点，且不宜过酸或过碱，以免酶分子变性失活。

（4）提取液体积　增加提取液的用量，会提高酶的提取效率，但提取液体积过大会使酶的浓度降低，不利于进一步的分离纯化操作。因此一般控制提取液的总体积为原料液体积的 3～5 倍，并且分几次进行提取。

此外，酶的提取常与细胞破碎相结合，即在待破碎原料中加入适量的酶提取液，在细胞破碎的同时开始酶的提取，既有利于保持酶的稳定性，又可缩短提取时间。为提高提取效率，应尽量破碎原料，适当搅拌，添加保护剂等。原料颗粒体积越小，其扩散比表面积越大，越利于酶的扩散，进而增加其溶解速度；适当的搅拌有利于提高酶分子的扩散速率，但搅拌速率过高时，提取液会产生大量泡沫，增大酶分子与空气的接触面，易引起酶分子氧化变性；添加保护剂如金属螯合剂、还原剂等，去除抽提液中的重金属离子、氧化剂，利于维持酶蛋白的构象和活力等。

4.3.3　固液分离

固液分离是指固相悬浮物（如细胞、细胞碎片、蛋白质沉淀或其絮凝物等）与澄清液分离的过程。常用的固液分离技术有离心和过滤。

4.3.3.1 离心

离心指利用离心机高速转动所产生的离心力使不同大小、密度的物质分离的过程，多用于颗粒较小的悬浮液分离。与其他分离技术相比，离心分离技术具有分离速度快、分离效率高及液相澄清度高等优点，多用于小规模酶发酵液及酶沉淀后的固液分离。

4.3.3.1.1 离心机的选择

实验室水平或小规模酶蛋白的生产中，可使用间歇式离心机如台式离心机和管式离心机来分离细胞悬浮液，具有操作时间短、分离效果好及物料适应性强等优点。管式离心机具有一个细长而高速旋转的转鼓，物料由底部进液口进入，转鼓离心力促使料液沿转鼓内壁向上流动，从液盘出口流出，沉渣聚集在离心机底部，积累到一定量后，停机取出（图4-5）。

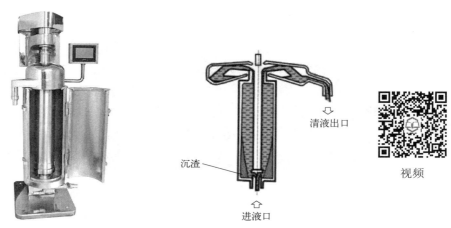

图4-5 管式离心机及固液分离示意图

在大规模酶蛋白的生产中，可采用碟片式离心机和过滤式离心机分离悬液。碟片式离心机也称碟式离心机，其典型特点是转鼓内有碟片堆，待分离物料通过进料管进入转鼓内部，逐渐跟转鼓高速度旋转。转鼓内的碟片堆使物料往上流动，形成一个大面积的澄清区域。固体在碟片堆内被从液体中分离出来，沉积到固渣收集腔内。液压排渣系统控制一个滑动活塞，周期性高速排出固渣，并进入一个旋风分离器。离心后的清液则通过转鼓顶端排到转鼓外。碟片式离心机可用于悬浮液的连续分离，样品处理量大，特别适合大规模细胞培养液的固液分离（图4-6）。

视频

过滤式离心机则是转鼓壁上有许多孔，内表面覆盖过滤介质（一般是滤布），当悬浮液随转鼓一同旋转时，悬浮液中的液体流经过滤介质和转鼓壁上的孔甩出，固体被截留在过滤介质表面形成滤饼，从而实现固体与液体的分离。过滤式离心机需停机卸料，只能进行间歇式操作（图4-7）。

4.3.3.1.2 离心条件

一般悬浮液中细胞、细胞碎片和培养基固体残渣等直径较大，离心时易沉淀，采用低速离心（最大转速在8000r/min以内，相对离心力在$1×10^4 g$以下）即可达到较高的分离效率。

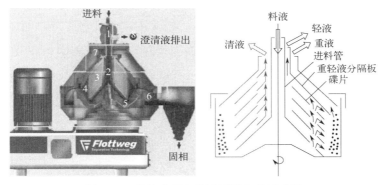

图 4-6 碟片式离心机及固液分离示意图

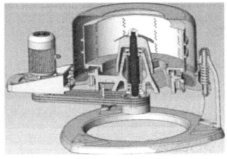

视频

图 4-7 过滤式离心机及内部结构示意图

对一些特殊细胞如动物细胞或原生质体等，要求分离转速在 2000 r/ min 以内，过高的离心速度会使细胞破碎，造成内容物流出，降低细胞的回收率，并增大澄清液中待分离酶蛋白纯化的难度。另外，待分离酶蛋白存在于澄清液时，可采用高速离心（转速一般在 12000r/min 以上）同时沉淀除去细胞、变性的杂蛋白等，降低澄清液中杂蛋白的含量。

悬浮液离心时，低速离心一般用离心速度表示，即离心机转子每分钟转动的次数（r/min）；高速离心，特别是超速离心时，常采用相对离心力（relative centrifugal force，RCF）表示，即颗粒所受离心力与重力的比值。相对离心力和离心转速存在以下关系：

$$RCF = \frac{F_c}{F_g} = 1.12 \times 10^{-5} \times n^2 \times r$$

式中，RCF 为相对离心力，g；F_c 为颗粒所受离心力；F_g 为颗粒所受重力；n 为转子转速，r/min；r 为颗粒旋转半径，cm。

选定好离心机和转子之后，离心时间只与沉降系数和转速有关，沉降系数和转速越大，颗粒沉降时间越短，即所需离心时间越短；反之，则离心时间越长，对于具体的颗粒悬浮液来说，其沉降系数是固定的，离心效果主要取决于转速和时间。因此，操作时采用高速短时或低速长时离心，均可达到较好的分离效果。

在离心过程中需控制悬浮液处于适宜的温度和 pH 环境，避免酶变性失活。一般情况下，酶分离温度需维持在 4℃左右，只有一些耐高温的酶可采用常温离心。离心分离对悬浮液的 pH 影响较小，只需分离前使悬浮液处于适宜的 pH 缓冲液即可。

4.3.3.2 过滤

过滤是指借助过滤介质（如筛网、多孔陶瓷、滤布或膜），将固相和液相分离的过程。根据截留颗粒大小不同，分为粗滤（截留颗粒直径大于 2μm）和微滤（截留颗粒直径 0.2～2μm）。粗滤常用于分离大颗粒固形物、培养基残渣、动植物细胞、霉菌和酵母菌等，微滤主要用于细菌、微小灰尘的过滤。根据推动力的不同，过滤又分为常压过滤、加压过滤和减压过滤。

4.3.3.2.1 常压过滤

以液位差作为过滤的推动力，在重力作用下，滤液通过过滤介质从下方流出，大颗粒物质被截留在介质表面，从而达到分离的目的。实验室常用的滤纸过滤以及生产中使用的吊篮过滤等都属于常压过滤。该方法设备简单、操作方便，但过滤速度较慢、分离效果较差，难以大规模连续使用。

4.3.3.2.2 加压过滤

加压过滤是利用压力泵或者压缩空气产生的压力作为推动力的过滤方法。加压过滤的设备比较简单，生产中常用各种压滤机进行加压，过滤速度较快，过滤效果较好。

板框压滤机由多组过滤单元组成（图 4-8），每组过滤单元由滤板、滤框和滤布组成，当固液混合物料经过由多个过滤单元组成的过滤室内时，固体颗粒、细胞或絮凝物滞留滤框内

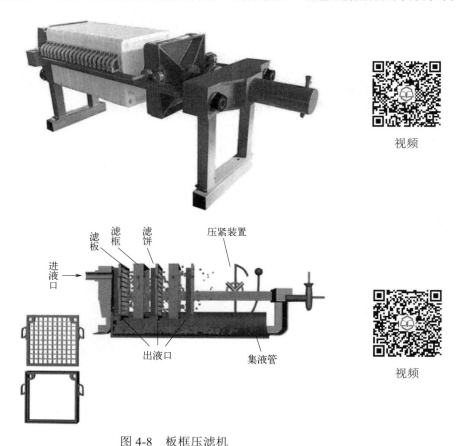

视频

视频

图 4-8　板框压滤机

并逐渐形成滤饼，滤液由滤板底部的出口流出。板框过滤具有过滤面积较大、推动力可较大范围内调整、过滤速度快等优点，适用于黏度大、颗粒度细、可压缩等各类物料的过滤。

4.3.3.2.3　减压过滤

减压过滤又称真空过滤或抽滤，通过在过滤介质下方抽真空，增加过滤介质上下方之间的压差，推动液体通过过滤介质而将大颗粒物质截留。多用于黏性不大的物料的过滤。

实验室常用的减压过滤装置是抽滤瓶，工业上常用的减压过滤装置是真空鼓压过滤机。真空鼓压过滤机是一种靠过滤室内部形成的负压来推动料液过滤分离的设备。当过滤单元转动至料液中时，液体在滤室内部负压的推动下透过滤布进入滤室，固体颗粒则被滞留在外层的滤布表面。该设备能实现连续操作，机械化程度高（图4-9）。

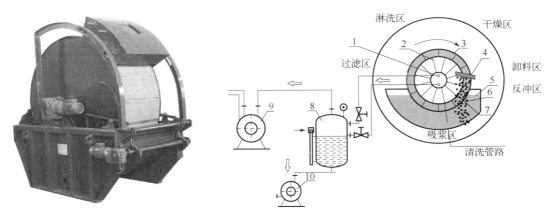

图 4-9　真空鼓压过滤机及其工作原理

4.4　粗分离技术

4.4.1　沉淀分离

酶的沉淀分离是指添加某些物质或改变某些条件，使待分离酶或杂质在溶液中的溶解度降低，而形成无定形沉淀的过程。沉淀操作的一般过程是，向样品中加入沉淀剂或改变样品溶液条件，放置一段时间进行陈化，离心或过滤，收集或除去沉淀物。常用的沉淀方法有盐析法、等电点沉淀法、有机溶剂沉淀法、有机聚合物沉淀法、选择性变性沉淀法等。

4.4.1.1　盐析法

通过在酶液中添加一定浓度的中性盐，使酶或杂质溶解度降低，从溶液中析出的过程，称为盐析。常用的中性盐有硫酸铵、硫酸钠、硫酸钾、硫酸镁、氯化钠、磷酸钠等，其中最常用的是硫酸铵。

生物大分子在水溶液中，因带某种电荷相互排斥，又因周围有水化膜避免了相互碰撞，形成稳定的分散系。加入少量中性盐时，蛋白质溶解度一般会增大，即盐溶。高盐浓度下，亲水性强的中性盐会脱去蛋白质水化膜，无机离子也会中和表面电荷，造成分子间的排斥力减弱，相互靠拢，聚集析出，即盐析。

影响盐析的主要因素有酶蛋白的种类与浓度、中性盐的种类与浓度、盐析的温度和 pH 等。不同的酶蛋白在盐析沉淀时，对中性盐浓度和沉淀环境的敏感程度不同，即不同的酶沉淀时所需的盐浓度、pH 和温度条件有所不同。此外，酶蛋白浓度也是影响盐析效果的重要因素。同样操作条件下，蛋白质浓度大，盐的用量小，共沉作用明显，分辨率低；蛋白质浓度小，盐的用量大，分辨率高；但酶浓度太低时，酶的损失会增多，一般酶浓度为 2.5%～3.0% 时比较适合。盐析一般在室温或低温（多为 0～4℃)下进行。溶液的 pH 与待分离酶蛋白的等电点一致时，所带电荷为 0，因此，盐析时，调整溶液的 pH 至欲分离酶蛋白的 pI 附近。

盐析可分为一次盐析和分段盐析。酶液中主要含目的蛋白质时，可采用一次盐析；当酶液中含多种蛋白质，为了使不同蛋白质分批分离，可采用分段盐析。如一种含多种蛋白质的混合液，目标酶在 30%饱和度的硫酸铵中基本不沉淀,在 70%饱和度的硫酸铵中几乎完全沉淀,就可以先用 30%饱和度的硫酸铵沉淀除去杂蛋白，再提高盐浓度到 70%饱和度沉淀目标酶。

知识拓展

知识拓展

提高盐浓度的方法有两种，一种是在酶液中加饱和溶液，一种是直接加盐。前者盐浓度变化温和，不易引起杂蛋白的共沉淀，但只适用于饱和度低的沉淀，饱和度高的沉淀需要加入大量饱和溶液，导致酶浓度降低，不利于后续的分离纯化操作。直接加盐较方便，但易局部盐浓度太高，导致酶蛋白变性或杂蛋白的共沉淀，应注意少量多次加入，及时搅拌。

例题 2：现有酶液 70mL，用硫酸铵沉淀 A 酶需 30%的饱和度，需饱和硫酸铵多少毫升？沉淀 B 酶需 60%的饱和度，需饱和硫酸铵多少毫升？（答案：30mL；105mL）

例题 3：如果沉淀 C 酶需要 60%饱和度的硫酸铵，那么 1L 溶液中需硫酸铵固体的量是多少？提示查饱和硫酸铵表。（答案：390g）

知识拓展

思考：当沉淀某种酶需要较高的盐饱和度时，加饱和溶液好还是加固体盐好呢？

盐析法具有操作简单、易于规模化操作、不易引起酶蛋白的变性失活、回收率高等优点，是酶分离纯化过程中应用最早、至今仍普遍使用的方法。但该法的分辨率较差，沉淀样品中杂蛋白较多。而且盐析得到的酶含有大量的盐，必要时可通过透析、超滤或者凝胶色谱的方法进行脱盐处理。

4.4.1.2 有机溶剂沉淀法

利用有机溶剂使酶蛋白在水中的溶解度显著降低而沉淀分离的方法，称为有机溶剂沉淀法。有机溶剂（如甲醇、乙醇、丙酮等）能降低溶液的介电常数，增加两相反荷电基团之间的吸引力，同时能破坏其水化膜，进而促进蛋白质分子的聚集和沉淀。

有机溶剂应能与水互溶。常用的有甲醇、乙醇、丙酮和异丙醇等。不同的酶蛋白对有机溶剂耐受性不同，在有机溶剂中的沉淀性能也不同，操作时需要优化选择适宜的有机溶剂种类与浓度。在使用时，有机溶剂应缓慢加入，并不断搅拌混匀，防止局部溶剂浓度过高致酶蛋白不可逆变性。

有机溶剂容易引起酶的变性失活，因此操作必须控制在低温条件下进行。大部分酶蛋白在纯化时，需将酶溶液冷却到 0℃ 左右，有机溶剂如丙酮冷却至−20℃，并在低温下进行分离操作。此外，析出的沉淀要尽快进行下一步的分离，防止目标酶的变性失活。

为提高沉淀分离的效果，一般将酶液的 pH 调整到目的酶的等电点附近再进行操作。

目前，有机溶剂沉淀法已用于多种酶的分离纯化。该法操作简单，分辨率高，但易导致酶变性失活，需要低温下操作，成本高。

4.4.1.3　等电点沉淀法

通过调节溶液的 pH，使酶或杂蛋白处于等电点条件下沉淀析出，从而使酶和杂蛋白分离的方法，称为等电点沉淀法。当溶液的 pH 等于溶液中某种蛋白质的等电点时，该蛋白表面的净电荷为零，分子间的排斥消失，致蛋白分子极易相互碰撞、凝聚而沉淀。等电点沉淀时蛋白质表面的水化膜层仍然存在，使其仍有一定的溶解性，不能完全析出，所以单独使用该法的回收率不高。因此，在实际操作中，等电点沉淀法往往与盐析法、有机溶剂沉淀法等一起使用，以获得较好的沉淀效果。

等电点沉淀法也要注意防止酶蛋白变性失活，调节 pH 时，应缓慢添加酸、碱溶液，并注意搅拌，防止局部过酸、过碱。

4.4.1.4　选择性变性沉淀法

选择一定的条件，使酶液中某些杂蛋白变性沉淀，进而与酶蛋白分离的方法，称为选择性变性沉淀法。该方法仅适用于对温度、酸、碱或有机溶剂等耐受性比较强的酶的分离纯化。常用的变性方法有热变性、酸变性、碱变性和有机溶剂变性等，常用于微生物酶蛋白发酵液的预处理和粗酶液的除杂。一个典型例子是从红细胞中分离纯化 SOD 过程中两次使用选择性变性沉淀。红细胞溶血后，一般先使用 15%丁醇和 6%氯仿在低温下处理，沉淀去除 99%的血红蛋白。丙酮沉淀后得到的粗酶液再在 65℃处理 10min，除去其他杂蛋白，得到 SOD 粗酶液。

知识拓展

4.4.2　膜分离

采用一定孔径的高分子膜，将大小不同的物质进行分离的方法称为膜分离。纯化酶蛋白的膜分离技术主要有超滤和透析。

4.4.2.1　超滤

滤膜截留颗粒直径为 0.2～10μm，即微米级别的膜分离，称微滤；滤膜截留颗粒直径为纳米级别的膜分离，称纳滤；滤膜截留颗粒直径介于二者之间的膜分离，称为超滤，一般被分离组分的直径大约为 0.01～0.1μm，截留组分分子质量介于 500～1000kDa 的大分子和胶体粒子。

超滤常采用切向流过滤，即液体流动方向与过滤方向呈垂直方向的过滤形式（见图4-10）。液体的流动在过滤介质表面产生剪切力，减少了滤饼层的堆积，克服了传统死端过滤流速急速降低的弊端，保证了过滤速度的稳定。切向流过滤原理如图4-11所示。

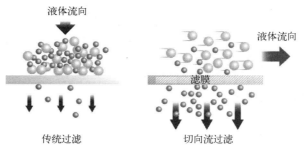

图 4-10   传统过滤与切向流过滤示意图

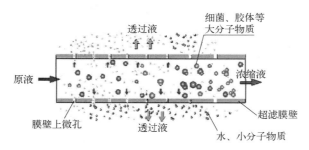

图 4-11   切向流过滤原理图

不同孔径的超滤膜具有不同的蛋白质分离范围，常用截留分子量表示膜的分离能力。在一定条件下，被截留物质（截留率大于90%以上即可）的最小分子量即为膜的截留分子量。超滤管的截留分子量一般是目的蛋白分子量的1/3。比如目的蛋白分子质量为35kDa，一般选择 10kDa 截留分子量的超滤管；若目的蛋白分子质量为 10kDa 左右，则可以用截留分子量3kDa 的超滤管。

实验室常用的是切向流超滤装置，如图 4-12 所示。工业上常用的超滤设备如图 4-13 所示。

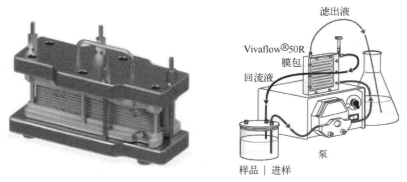

图 4-12   小型切向流超滤的膜包及超滤浓缩示意图

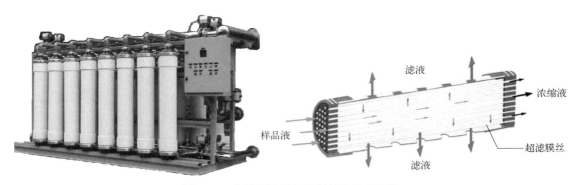

图 4-13 大型超滤设备及超滤浓缩示意图

超滤离心管在实验室里也是比较常用的，是利用离心力使溶液和小分子透过超滤膜进入离心管，大分子留在离心杯，从而达到浓缩或分离蛋白的目的（图 4-14）。超滤离心具有快速高效的特点，能够达到较高的浓缩倍数。

超滤具有操作方便、简单、快速等优点，但分辨率不高，分离的蛋白质分子量一般要相差 10 倍以上，因此，超滤更多地用于酶液的浓缩、脱盐和更换缓冲液等。

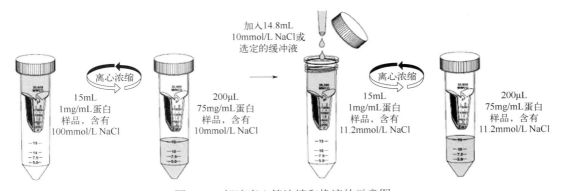

图 4-14 超滤离心管浓缩和换液的示意图

4.4.2.2 透析

利用小分子的扩散作用，使其不断经过半透膜扩散到膜外，而大分子被截留在膜内，从而使大、小分子分离的方法，称为透析（图 4-15）。透析平衡后，透析袋内外小分子浓度一致，通过更换透析液，不断降低袋内的小分子溶质浓度。透析设备简单、操作容易，但效率低（一般需要透析 48h 以上），处理量小，一般不用于酶纯化，主要用于实验室水平的除盐、有机溶剂及小分子抑制剂等。

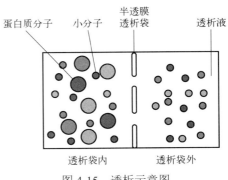

图 4-15 透析示意图

4.4.3 萃取

萃取是利用物质在互不相溶的两种溶剂中的溶解度不同，使混合物中各组分分配到不同的溶剂中，从而实现物质分离的方法。可用于酶分离纯化的萃取技术主要有双水相萃取和反胶束萃取。

4.4.3.1   双水相萃取

双水相萃取就是利用双水相进行萃取。某些亲水性高分子聚合物或高聚物和盐或正负离子表面活性剂的水溶液在超过一定浓度后可以形成互不相溶的水相。酶分子和其他组分进入双水相系统中之后，由于其自身性质和系统性质的不同，其在双水相系统中所受的范德华力、疏水作用、氢键作用和静电引力等存在差异，因而在上、下相中的浓度有所不同，从而实现酶与杂蛋白的分离。双水相萃取示意图见图 4-16。

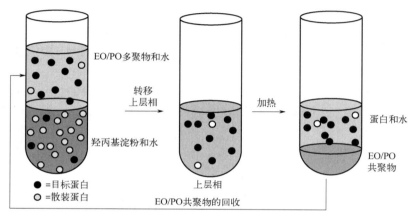

图 4-16   双水相萃取示意图

EO：环氧乙烷；PO：环氧丙烷

最早使用的双水相是聚乙二醇（PEG）/葡聚糖体系，但是葡聚糖价格昂贵、用量大，很难用于工业生产。目前，工业生产中最常用的酶萃取双水相体系是聚乙二醇/无机盐体系。常用的无机盐有硫酸铵、磷酸盐和氯化钠等。

图 4-16 所示是新型的热分离聚合物双水相体系，亲水性环氧乙烷（EO）和疏水性环氧丙烷（PO）组成的共聚物（EO/PO），为温度诱导型热分离聚合物。将收获的富 EO/PO 相温度提高至临界温度以上，EO/PO 在水相中的溶解度急剧降低，促使 EO/PO 与液相分离，易于酶蛋白的分离和 EO/PO 的回收利用。

双水相萃取法采用的溶剂是水相，具有环境友好、生物相容性高、能保持酶的活力和稳定性、成本低和易于放大生产操作等优点，可用于酶蛋白的纯化和浓缩。但双水相萃取法也存在易乳化、相分离时间较长、酶蛋白回收困难等问题，在一定程度上限制了其应用。

4.4.3.2   反胶束萃取

利用反胶束将酶或其他蛋白质从混合液中萃取出来的一种分离纯化技术称反胶束萃取。表面活性剂在水溶液中超过临界浓度时，会自发形成的一种纳米尺度的聚集体，称为胶束（水包油型微乳）。胶束极性头朝外，疏水的尾部朝内，中间形成非极性的"核"，溶解非极性物质。表面活性剂在有机溶剂中超过一定浓度时，则形成反胶束（油包水型微乳）。反胶束疏水的尾部向外，极性头朝内，中间形成极性的"核"，核心有少量的水，可以溶解并萃取溶液中的亲水性酶或蛋白质（图4-17）。

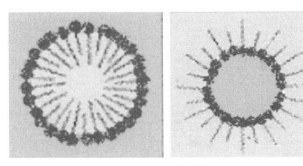

图4-17　胶束（左）与反胶束（右）

反胶束萃取时，两相界面的表面活性剂在带相反电荷蛋白质的静电引力下发生变形，变成包含蛋白质的反胶束（前萃），离心分离含有蛋白质的反胶束，使其与另一水溶液接触，通过调节pH、离子种类或者强度等使反胶束解散，将萃取蛋白质释放于水溶液中（后萃），从而实现酶或蛋白质的分离（图4-18）。

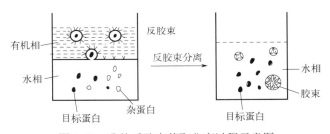

图4-18　酶的反胶束萃取分离过程示意图

使用反胶束萃取法分离酶蛋白时，酶的分离效率主要受表面活性剂的种类与浓度、操作条件（如pH、温度和离子强度）等因素影响。对具体酶蛋白的分离提取，需进行萃取参数优化，确定最适萃取条件。

4.5　细分离技术

经过沉淀、超滤和萃取等技术分离、浓缩的酶样品，纯度不是太高，可作为纯度要求不高的工业用酶。对于纯度要求高的医药用酶、科研用酶，一般还需采用分辨率高的层析技术进一步纯化，均质酶甚至需要采用制备式电泳技术进行分离。

4.5.1　层析

用于酶分离纯化的层析技术中，柱层析是最常用的方法之一。其原理是将固定相（层析填料）装填于层析柱内，待分离混合液中的各组分因电荷、分子量等物理化学性质差异，与固定相发生不同的相互作用。随着流动相（洗脱液）的连续洗脱，各组分按一定顺序流出层析柱，从而实现高效分离。柱层析具有操作连续性强、分离效率高、适合规模化制备等优势，

知识拓展

被广泛应用于酶的分离与纯化过程。

　　用于酶分离纯化的层析技术主要包括凝胶层析（分子筛层析）、离子交换层析、亲和层析和疏水层析（图4-19）。

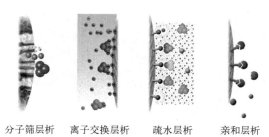

知识拓展

　　　　分子筛层析　离子交换层析　疏水层析　亲和层析

图4-19　四种常用的酶分离层析技术

4.5.1.1　凝胶层析

视频

　　凝胶层析又称为凝胶过滤、分子排阻层析或分子筛层析，是以各种多孔凝胶为固定相，利用流动相中所含各种组分的分子量不同，穿过凝胶柱的速度不同，而达到物质分离的一种层析技术。

　　凝胶层析柱中装有多孔凝胶，当含有多种组分的混合液流经凝胶层析柱时，各组分在层析柱内同时进行两种不同的运动：一种是随着溶液流动而进行的垂直向下的移动；另一种是无定向的分子扩散运动。直径大于凝胶孔径的大分子物质由于不能进入凝胶内部，直接从凝胶颗粒的间隙中快速地流过凝胶柱；直径越小的分子进入凝胶微孔内的概率越大，向下移动的速度就越慢（图4-20）。因此，混合溶液中各组分按照分子量由大到小的顺序先后流出凝胶层析柱，达到分离的目的。因为直径大于凝胶孔径的所有大分子物质均以同样的速度流出，直径特别小的分子进入凝胶微孔内的概率也会趋于接近，因此对于某一种孔径的凝胶，只能分离一定分子量范围内的蛋白质（见图4-21）。

　　分子筛凝胶之所以具有排阻功能，是由其自身的孔状结构决定的。凝胶孔径大小主要与聚合物的种类、交联剂及聚合物的浓度等有关，其决定了样品分级筛选的范围。

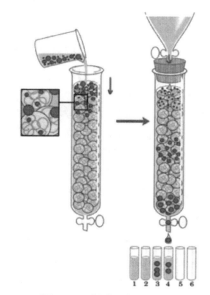

图4-20　凝胶层析示意图

目前，最常用的凝胶主要是葡聚糖凝胶（sephadex）、琼脂糖凝胶（sepharose）及聚丙烯酰胺凝胶（polyacry- lamide gel）。人们在此基础上根据需求又开发出sephacryl、superdex及superose等分离目的性更强、分辨率更高的凝胶。GE公司的分子筛凝胶产品及其分离范围如图4-22所示。

　　思考：凝胶层析柱型号众多，如何正确选择呢？

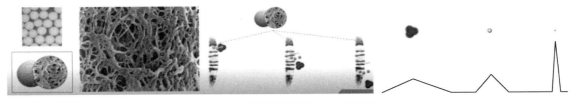

图 4-21　凝胶层析填料及分离原理

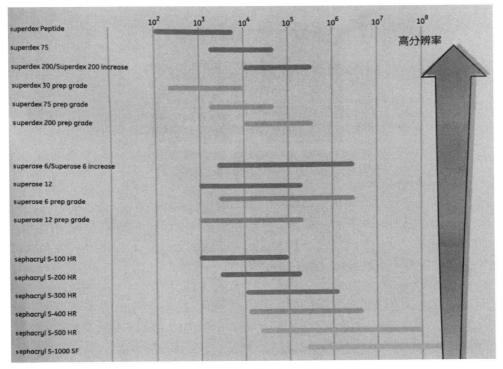

图 4-22　GE 公司的分子筛凝胶产品及其分离范围

　　凝胶层析的一般操作过程包括平衡柱子、上样和洗脱，洗脱液应与平衡时所使用的液体完全一致，否则会影响分离效果。凝胶层析是根据各组分在凝胶柱中向下移动的速度不同实现分离的，因此柱子越长分辨率越高。但随着柱子的延长，流动相通过时需要的推动力也越大，对凝胶的耐压能力要求也相应提高。此外，凝胶层析时，上样体积不能过大。对于分辨率要求较高的层析，上样体积通常不超过柱床体积的 5%左右；脱盐或缓冲液置换属于大分子样品与小分子或离子分离，对分辨率的要求相对不高，上样体积可达柱体积的 30%。为了提高层析效率，样品液可以先进行适当的浓缩，浓度可以高些，但黏度宜低。此外，凝胶层析柱不需要经过再生处理，洗脱完毕后即可恢复上柱前的状态，可重复用于下一批酶液的分离纯化。

　　凝胶层析技术操作条件温和，一般不引起酶蛋白的变性，适用于酶蛋白的分离。但相对于离子交换层析，柱子长，流速慢，分离周期长。

4.5.1.2　离子交换层析

离子交换层析是以离子交换剂为固定相，依据流经固定相时混合样品中的带电基团与交换剂上的解离基团结合力大小的差异，使蛋白质等带电物质分离的一种层析技术。离子交换层析分为阴离子交换层析和阳离子交换层析。前者固定相上解离的阴离子可与带负电荷的蛋白质发生交换，后者解离的阳离子可与带正电荷的蛋白质发生交换；更换洗脱液后，结合力弱的先洗脱下来，结合力强的后洗脱下来，达到混合组分分离的目的。

离子结合力大小有如下规律（图 4-23）。

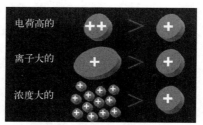

图 4-23　离子结合力大小

视频

4.5.1.2.1　离子交换剂的种类

阳离子交换剂的活性基团为酸性基团，如—SO_3H、—PO_3H_2、—COOH 等，可解离出 H^+。目标蛋白带正电荷时，才可交换 H^+，结合在阳离子交换剂上。需要控制溶液的 pH 小于目标蛋白等电点至少 1 个 pH 单位，才能保证目标蛋白高效地结合在层析柱中。羧甲基（CM）离子交换剂是分离酶蛋白常用的阳离子交换剂。

阴离子交换剂的活性基团为碱性基团，如—NH_2、—$NHCH_3$、—$N(CH_3)_2$，可解离出 OH^-，与其他阴离子交换。目标蛋白带负电荷时，才可交换 OH^-，结合在阴离子交换剂上，此时，溶液的 pH 要大于目标蛋白的等电点至少一个 pH 单位。DEAE 离子交换剂是分离酶蛋白常用的阴离子交换剂。

图 4-24 所示为 CM 离子交换剂和 DEAE 离子交换剂。

图 4-24　CM 离子交换剂（左）和 DEAE 离子
交换剂（右）的活性基团

知识拓展

4.5.1.2.2　离子交换剂的选择

根据待分离酶的 pI 确定层析时酶液的合适 pH 值。在此过程中，主要考虑目标酶的稳定 pH 范围，注意避免失活。如等电点为 5 的酶，如果让其带负电，溶液的 pH 应该小于 4（至少相差一个 pH 单位）；如果让其带正电，溶液的 pH 应该大于 6。考虑到 4 以下的 pH 环境相对偏酸，宜选用大于 6、近中性的 pH 缓冲液。

根据操作缓冲液中目标酶所带电荷选择离子交换剂（离子交换柱），带正电选择阳离子交换剂，带负电选择阴离子交换剂。阳离子交换剂又分强酸型和弱酸型。强酸型离子交换剂在较大 pH 范围内，H^+都能完全解离，交换能力强，载量大；而弱酸型离子交换剂完全解离的 pH 范围则较小,如羧甲基在 pH<6 时就失去了交换能力,但分辨率高。阴离子交换剂也可分强碱型和弱碱型。一般情况下,强酸、强碱型离子交换剂常用于分离一些小分子物质或在极端 pH 下比较稳定的蛋白质;而弱酸型或弱碱型离子交换剂的结合力较弱,在弱酸、弱碱或较低的离子强度下就能使被结合的酶或蛋白质洗脱下来,不易使被分离物质失活,常用于酶蛋白等活性大分子的分离。

4.5.1.2.3　离子交换层析的操作过程

离子交换层析包括平衡、上样、淋洗(washing)和洗脱(elution)等过程(图 4-25),平衡和上样后的除杂,都是采用初始缓冲液(低盐溶液),洗脱时要用洗脱液,常用梯度洗脱法(梯度提高洗脱液的盐浓度或改变洗脱液的 pH),将蛋白组分按结合力由小到大的顺序洗脱下来。

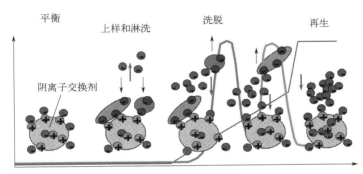

图 4-25　离子交换层析的离子交换过程

离子交换层析具有分辨率高、交换容量大及操作简单等优点,是蛋白质纯化中最常用的技术之一。

4.5.1.3　亲和层析

利用生物分子与固定相配基之间具有的专一而又可逆的亲和力,使物质分离的技术。专一而又可逆的亲和力存在于酶与底物或竞争性抑制剂、抗原与抗体、酶与辅酶、激素与受体等分子间。酶蛋白通过以其底物、辅酶或抑制剂为配基的固定相时,酶分子被特异性吸附,其他未被吸附的蛋白质及杂质全部流出。使用特殊的洗脱液可以将酶蛋白从层析柱上洗脱下来,进而达到纯化目的。其原理如图 4-26 所示。

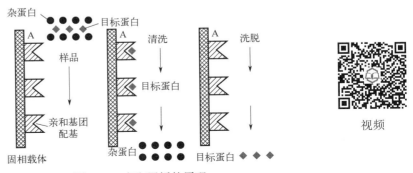

图 4-26　亲和层析的原理

亲和介质主要由固定相载体（基质）、配基和连接臂组成。酶分离纯化中，最常用的基质是琼脂糖凝胶，其次是葡聚糖凝胶和聚丙烯酰胺凝胶等。常用的配基是可以与酶蛋白等生物大分子发生可逆、特异性结合的生物结构或分子。所选配基与靶蛋白之间的亲和力大小应适宜，既能保证两者稳定、充分结合，又能在温和条件下解离，有利于酶蛋白分子和配基的稳定。当配基与固定相基质之间的距离过小时，会影响配基与靶蛋白的结合，需在固定相载体和配基之间引入适当长度的分子作为连接臂，最常用的连接臂分子是亲水性的六碳链。

知识拓展

依据配基与待分离组分的结合特性、作用力的不同，亲和层析又可分为多种，其中比较常用的有以下几种（表4-3）：

表4-3　常用亲和层析方法

亲和层析种类	结合原理	分离对象
共价亲和层析	待分离蛋白与固定相配基之间形成二硫键，结合在柱子中，再用含巯基的半胱氨酸等含巯基洗脱液洗脱	富含巯基的蛋白质
免疫亲和层析	抗原与抗体间的特异性相互作用	抗体或抗原蛋白
底物亲和层析	酶蛋白与其底物或竞争性抑制剂间的相互作用	酶蛋白
金属离子亲和层析	固定相金属离子配基与蛋白分子间的螯合作用，如镍柱分离带组氨酸标签的重组蛋白	富含组氨酸、色氨酸的蛋白质

亲和层析过程包括平衡、上样、淋洗和洗脱等过程。平衡和淋洗采用的是利于目标蛋白和配基结合的缓冲液，称为初始缓冲液，淋洗除去未结合的杂蛋白后，采用洗脱缓冲液将目标蛋白从层析柱上洗脱下来。

亲和层析法能够一步从复杂的样品中分离出目的蛋白，具有高效、简便、快速及分辨率高等优点，特别适合理化性质差异小、浓度低及杂质含量高的酶蛋白样品分离。但也因价格昂贵、处理量不大，大规模应用较少。

4.5.1.4　疏水层析

疏水层析是指利用固定相载体上的疏水配基与流动相中的一些疏水分子（蛋白质）之间疏水相互作用的差异，使蛋白组分先后流出层析柱而达到分离的技术，其原理如图4-27所示。

视频

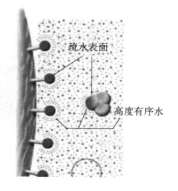
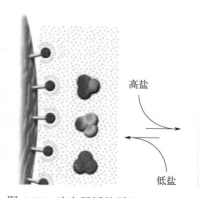
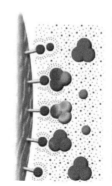

图4-27　疏水层析的原理

知识拓展

在蛋白质分子中，多数疏水性氨基酸残基埋藏于分子内部，少数残基位于表面。这些暴露的疏水性氨基酸残基可以与固定相上的疏水性配基通过疏水相互作用而结合。蛋白质分子与固定相介质结合的紧密程度与蛋白质的疏水性有关，蛋白质分子裸露的疏水残基越多，其疏水性越强（极性越弱），与固定相介质的结合力就越强；反之，则疏水性弱（极性强），与介质的结合力弱。

另外，疏水相互作用还与溶液离子强度、pH 和柱温等因素有关。其中，离子强度的大小直接影响样品组分在固定相的保留值，高盐浓度可以使疏水基团外露，使蛋白质分子的疏水作用增强，提高分离组分在层析柱中的保留值；降低浓度可使蛋白质分子与固定相疏水配基的疏水作用减弱，促进其从层析结合柱上解析出来。因此，在疏水层析操作中，常采用高盐吸附，低盐洗脱，逐渐改变溶液离子强度，把样品组分按结合力由弱到强的顺序依次洗脱下来。

疏水层析过程和离子交换层析差不多，也是包括平衡、上样、淋洗和洗脱等过程。特别是盐溶液洗脱时，疏水层析的吸附和解析条件与离子交换刚好相反。

疏水层析主要有以下显著优点：①主要与蛋白质疏水性质有关，分辨率高，一步纯化能除去绝大部分杂蛋白、糖类和脂质等，且能同时浓缩蛋白。②在高盐浓度溶液中蛋白质的疏水作用大，特别适合盐析后的蛋白样品分离，是粗分后优先考虑的纯化方式。③疏水性配基种类多，价格便宜，适于酶蛋白的大规模纯化操作。④可以在室温下操作，操作简便且疏水作用比较温和，有利于保持酶蛋白的稳定性等。

层析是蛋白质分离纯化的核心技术，在蛋白质纯化中具有不可替代的地位，实际操作中往往需要联用多种层析技术，合理设计纯化路线、科学安排不同层析技术的使用顺序，不仅能提升纯化效果和回收率，还可有效缩短纯化时间。

视频

视频

视频

4.5.2 电泳

利用形状、大小和带电性质不同的各种蛋白质在电场中迁移的方向与速度不同，实现蛋白质分离的方法，称为电泳分离。不同蛋白质在同样电场条件下的泳动速度主要取决于其所带的净电荷量、分子大小与形状。目前，用于酶蛋白分析的电泳主要有以下几种。

4.5.2.1 聚丙烯酰胺凝胶电泳

聚丙烯酰胺凝胶是由单体丙烯酰胺和 N,N-亚甲基双丙烯酰胺在催化剂的作用下聚合而成的具有网状结构的多孔凝胶。以此为支持物，进行的使样品中的蛋白组分分离的电泳技术，称为聚丙烯酰胺凝胶电泳。

聚丙烯酰胺凝胶电泳一般采用的是不连续凝胶，由浓缩胶和分离胶两部分组成。浓缩胶是大孔胶，凝胶缓冲液为 pH 6.7～6.8 的 Tris-HCl，作用是使上样的样品浓缩在一个狭窄的区间；分离胶是在 pH 8.8～8.9 的 Tris-HCl 缓冲液中聚合而成的小孔胶，作用是使样品组分分离成不同的条带。电极缓冲液为 pH 8.3 的 Tris-甘氨酸缓冲液。

依据电泳过程中蛋白质分子是否变性，可以将该电泳技术分为非变性聚丙烯酰胺凝胶电泳（native-PAGE）和 SDS-聚丙烯酰胺凝胶电泳（SDS-PAGE）。在 native-PAGE 电泳过程中，蛋白质分子处于天然状态，不同蛋白质在凝胶中的移动速度取决于蛋白质的分子量、形状及其所带的净电荷；SDS-PAGE 是蛋白质分子在变性条件下进行的电泳，蛋白质在凝胶中的移动速度取决于其分子量，不受其本身所带电荷的影响，可用于酶分离纯化过程中样品纯度的检测和酶蛋白分子量的测定。

十二烷基磺酸钠（SDS）是一种阴离子表面活性剂，能够打开蛋白质分子内的氢键和疏水键并结合到蛋白质分子上，使其形成蛋白质-SDS 复合物（图 4-28）。单位质量的蛋白质可以结合相同数量的 SDS，带上同样密度的负电荷。SDS 所带负电荷数量远远超过了蛋白质分子原有的电荷，因而掩盖了不同蛋白质之间原有的电荷差别。从而使蛋白质亚基的电泳迁移速率主要取决于其分子量的大小，而与原有的电荷性质无关。单位质量的蛋白质因所带电荷数一致，在电场中受到的牵引力一样大，而分子量大的蛋白质在凝胶中受到的阻力大，移动速度慢，分子量小的蛋白质受到的阻力小，移动速度快。

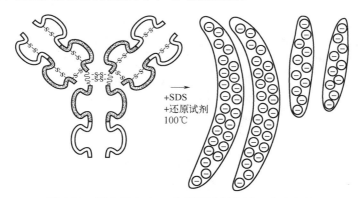

+SDS
+还原试剂
100℃

图 4-28   蛋白质在 SDS 和还原试剂作用下发生变性

纯化的酶通常在 SDS-PACE 电泳图上只有一条条带，但如果是由不同分子量的亚基组成的，它在电泳中可能会形成分别对应各个亚基的多条条带。此外，根据以标准蛋白分子量的对数和在电场中的相对迁移率所做的标准曲线，可以求得未知蛋白质的分子量。该方法测蛋白分子量，操作时间短，所需样品量少，分辨率高，但一般只适用于球形蛋白质。

4.5.2.2   等电聚焦电泳

在电泳系统中加入两性电解质，当接通直流电后，两性电解质会在电场中形成一个由正极到负极连续增高的 pH 梯度，当蛋白质样品进入这个系统后，各组分在电场的作用下，电泳至与其自身等电点相当的 pH 区带内时，因所携带的净电荷为零而停止泳动，从而使不同等电点的物质得以分离，这种电泳技术即等电聚焦电泳（isoelectric focusing electrophoresis，IFE），如图 4-29 所示。常规 PAGE 和等电聚焦电泳的区别如图 4-30 所示。

等电聚焦电泳中，随着电泳时间和距离的延长，同一等电点的蛋白区带越来越窄，因而其分辨率高，可将等电点相差很小（0.01pH 单位）的蛋白质分开，特别适合分子量相近而等电点不同的蛋白质分离；其次，不受样品浓度和上样位置的影响，特别适用于低浓度蛋白样品的分离；可直接测定酶蛋白的等电点。但该技术不适用于易在等电点附近沉淀的酶蛋白的分离。

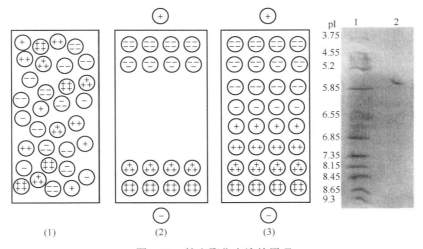

图 4-29　等电聚焦电泳的原理

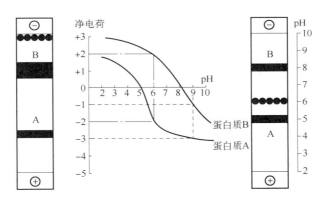

图 4-30　常规 PAGE（左）和等电聚焦电泳（右）的区别

4.5.2.3　双向电泳

双向电泳也称作二维凝胶电泳，是等电聚焦电泳和 SDS-PAGE 的组合，即先在第一维电泳中进行等电聚焦电泳，蛋白质分子根据其等电点不同得以分离，然后在第二维电泳中再进行 SDS-PAGE，根据分子量将蛋白质分子与第一维电泳图呈 90°分离，将等电点相同但分子大小不同以及分子大小相同但等电点不同的蛋白质分开。原理如图 4-31 所示。

双向电泳具有更高的分辨率，可以使成千上万种蛋白质分离，可用于蛋白质组学中差异蛋白质、互作蛋白质和蛋白质修饰等的研究，可以帮助发现疾病相关蛋白和建立蛋白质数据库等。

双向电泳的具体操作是，蛋白质样品先在薄条凝胶中等电聚焦，使其按照 pI 的不同分离成多个条带，然后将等电聚焦过的凝胶水平放置在第二个平板状凝胶上，通过 SDS-PAGE 再使大小不同的蛋白质分离。双向电泳后，凝胶上的蛋白质谱点可通过染色检测出来，复杂的图谱可扫描后通过软件进行分析。然后可从凝胶中切取出感兴趣的单个蛋白质点，通过质谱进行鉴定，甚至进一步研究其功能。

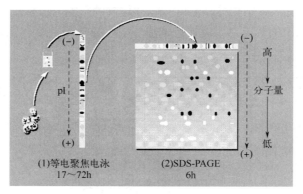

图 4-31　双向电泳的原理

4.6　浓缩与干燥

浓缩与干燥本质上都是除去酶制品中水分或其他溶剂的过程。酶的浓缩是指除去酶液中的部分水及其他溶剂，从而提高酶浓度的过程。干燥是指去除酶液或固体酶的水分，获得粉末状或颗粒状固态酶的过程。

4.6.1　浓缩

凝胶层析等一些分离纯化技术往往会降低酶浓度，而过低的酶浓度及大体积，往往不利于后续的分离纯化和保存、运输，因此，需要对酶液进行浓缩。在工业生产中，常用的酶浓缩方法除盐析外，还有以下几种。

4.6.1.1　真空蒸发浓缩

真空浓缩是使用密闭的容器，一边抽真空一边加热，使溶液中的部分溶剂在较低温度下（一般 60℃以下）汽化蒸发，使溶液得以浓缩的过程。抽真空可降低容器内压力而降低酶溶液的沸点，加快水分或其他溶剂的蒸发速率，实现较低温度下的快速浓缩。该法操作时间短，浓缩效率高，但只适合一些对热不特别敏感的酶液的浓缩。

4.6.1.2　离子交换层析法浓缩

离子交换层析技术也可用于稀酶液的浓缩。根据酶蛋白的带电性质，选择合适的固定相离子交换剂。如酶带正电即选择阳离子交换剂作固定相，当酶液流经层析柱时，酶蛋白分子与解离的阳离子发生交换，被吸附在层析柱中。持续、大量地上样，越来越多的酶被吸附到层析柱上，与流出的溶剂分离。使用少量的盐溶液洗脱被吸附的酶蛋白分子，从而实现浓缩。

4.6.1.3　吸水剂吸水浓缩

吸水剂吸水浓缩分两种。一种是利用干葡聚糖凝胶如 Sephadex G-25 或 G-50 等的强吸水特性，向其中加入待浓缩酶液，小分子物质因凝胶吸水膨胀而进入凝胶颗粒内部，而大分子的酶则被阻于凝胶颗粒之外，经过滤或离心分离可得到浓缩的酶液。该法使用方便，操作条件温和，有利于保持酶蛋白的活性稳定。

　　另一种是将待浓缩的酶液放入透析袋，扎紧后置于较浓的聚乙二醇或蔗糖溶液中，或将这些物质的粉末直接撒于透析袋外表面，利用这些物质的吸水特性使酶液浓缩。透析袋法不需要特殊的仪器，使用非常方便，是实验室最常用的酶溶液浓缩方法之一。

4.6.1.4　超滤浓缩

　　超滤浓缩是使待处理酶液中的酶分子滞留在超滤膜上，而水等小分子自由透过，可同时用于酶溶液的脱盐、分级纯化及浓缩等操作。超滤浓缩操作简单、方便、耗能少，是一种效率极高的酶浓缩技术。

4.6.2　干燥

　　干燥可提高酶的稳定性，使酶产品便于保存、运输和使用，是生产固体酶产品的最后一步。

4.6.2.1　真空干燥

　　真空干燥与真空浓缩类似，也是使用密闭的容器，一边抽真空一边加热，使酶产品在较低温度下（一般在60℃以下）蒸发干燥的过程（图4-32）。

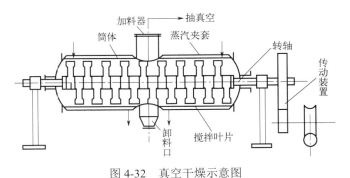

图4-32　真空干燥示意图

4.6.2.2　冷冻干燥

　　冷冻干燥是先使酶液在-40℃冷冻结冰，然后在密闭容器内抽真空，使冰在-10～+10℃温度下直接升华而得到干燥的酶制剂。冷冻干燥酶活力损失少，特别适用于对热敏感且价值较高的酶。但是冷冻干燥对设备要求较高，动力损耗大，运行成本较高。

4.6.2.3　喷雾干燥

　　喷雾干燥是通过喷雾装置将酶液喷成小雾滴（微米级），分散于热气流中，迅速使其挥发干燥，并沉降至特定容器底部的一种干燥技术（图 4-33）。喷雾干燥塔内的热进风温度控制在 170～180℃，热排风温度控制在 75～95℃，物料收集器内的温度控制在 35～55℃。可通过控制进风温度和酶液喷射速度控制排风温度和物料收集器内的温度，以防酶活损失太大。

　　喷雾干燥喷散的酶液雾滴直径小、比表面积大、蒸发迅速，只需几秒钟就可以达到干燥。在干燥过程中，酶液蒸发迅速，带走大量热量，使热风温度迅速降低。干物料干燥后迅速进入了 35～55℃的物料收集器，处于一个温度不是特别高的环境中，酶活损失不会增加。

4.6.2.4　气流干燥

气流干燥是在常压条件下，直接利用热气流与固体或半固体的物料接触，使物料的水分蒸发而得到干燥制品的一种技术（图 4-34）。该法设备要求简单、操作方便，但干燥时间较长，酶活力损失较大，不适于热敏酶的干燥。

> 思考：提高干燥速度的方法有哪些？上述干燥方法分别采用了哪些提速手段？

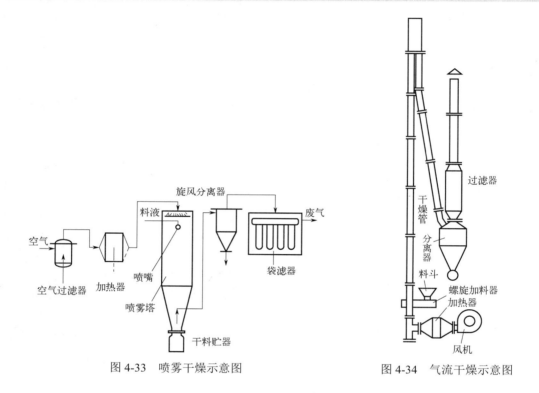

图 4-33　喷雾干燥示意图　　　　　　图 4-34　气流干燥示意图

4.7　酶制剂的生产

酶制剂是指经过提取分离和加工，制备的具有催化活性的生物产品。酶制剂中除含主要酶成分外，还含有易于产品贮存和使用的配方成分，如各种稳定剂、防腐剂、表面活性剂和金属离子等。

4.7.1　酶制剂的分类

根据 2022 年 3 月 1 日实施的国家标准《酶制剂分类导则》（GB/T 20370—2021），酶制剂有多种分类方式。酶制剂根据来源分类，可分为动物来源的酶制剂（如胰蛋白酶、胆囊蛋白酶和胃蛋白酶等）、植物来源的酶制剂（包括木瓜蛋白酶、菠萝蛋白酶等）和微生物来源的酶制剂（包括细菌、真菌和酵母菌等微生物发酵产生的酶）；按用途可分为食品工业用酶制剂（用于食品加工）、工业用酶制剂（用于纺织、洗涤、皮革、造纸等工业）、农业用酶制剂（用于饲料加工、畜牧业、渔业、种植业等）等；按催化条件分为酸性酶（最适宜作用 pH<6.0）、中性酶（最适宜作用 pH6.0～8.0）、碱性酶（最适宜作用 pH>8.0 的酶），或低温酶（最适宜的催化反应温度<30℃）、中温酶（最适宜的催化反应温度在 30～60℃）、高温酶（最适宜的催化反应温度>60℃）。

在酶制剂生产中，商品酶制剂按纯度和应用又分为工业级、食品级、医药级和试剂级。工业级的酶制剂纯度要求不高，食品级和医药级的酶制剂纯度要求很严格，而且要进行产品毒性和安全性的评价。试剂酶是经精细分离后制成结晶或单一酶蛋白的纯酶，主要供科研测试或医药行业使用。

商品酶制剂的剂型按物理形态大体可分为两类：固体酶和液体酶。在酶制剂产品中以固体剂型较为普遍，为了使用方便，液体酶的种类逐步增加，尤其是试剂酶。两种剂型在制备方法、辅料添加、储存、运输和使用等方面存在诸多不同，各有优缺点。

商品酶制剂，无论是液体酶还是固定酶，按产品组分均可分为单酶制剂和复合酶制剂两种类型。单酶制剂是指具有单一系统名称且具有专一催化作用的酶制剂；复合酶制剂是含有两种或两种以上单酶的酶制剂，可由单一微生物发酵产生，也可由两种及两种以上的酶按一定酶活力比例复配而成。

4.7.2　酶制剂的生产

酶制剂的生产剂型，要符合国家标准。如我国《酶制剂质量要求 第 1 部分：蛋白酶制剂》（GB/T 23527.1—2023）对微生物发酵获得的工业用蛋白酶在剂型上做出了明确要求。在外观上，固体剂型要求是白色至黄褐色粉末或颗粒，无结块，无潮解现象，无异味，有特殊发酵气味；液体剂型要求为浅黄色至棕褐色液体，在理化指标上，允许有少量凝聚物，无异味，有特殊发酵气味。

4.7.2.1　液体酶

液体酶按酶的浓度不同又可分为稀液体酶制剂和浓液体酶制剂。其中，稀液体酶制剂一般是由微生物发酵液或其他不同纯度的酶液经简单过滤除菌除杂后，添加一定的稳定剂（甘油、山梨醇、乙醇或氯化镁等）和防腐剂（苯甲酸钠、山梨酸钾、对羟基苯甲酸甲酯、食盐等)等制备而成；而浓液体酶制剂是由稀酶液经透析、超滤等操作浓缩，再添加相应的稳定剂和防腐剂等制备而成。典型的液体酶制备工艺路线如下：

发酵液→絮凝→板框压滤→滤液→超滤浓缩→稳定剂、防腐剂→成品
　　　　　　　　　　　　　　　　↑
含酶原料→提取→分离纯化→纯化的酶液

常见的液体酶制剂（如糖化酶、木聚糖酶、甘露聚糖酶、果胶酶、超氧化物歧化酶和纤维素酶等）主要用于食品、饲料、化妆、皮革、纺织及洗涤工业。

液体酶制剂制备简单、生产过程短、投入少、生产成本低；加工过程中酶活的损失少，酶活收率高；使用方便，易于复配加工。但液体酶制剂在常温状态下，非常容易变性失活，开发难度大，适用于热稳定性好的酶。此外，液体酶制剂体积大，不便于运输和储存。

液体酶制剂在阴凉处一般可保存 6～12 个月。

4.7.2.2　固体酶

目前，工业生产中使用的酶大部分为固态制剂。固体酶制剂一般由提纯之后的浓缩酶液拌入稳定助干剂（如淀粉、山梨醇、糊精、乳糖或碳酸钙等），再经干燥处理制备而成，具体工艺如下：

发酵液→滤液→浓缩→稳定助干剂→干燥→成品

↑

分离纯化的酶液

固体酶制剂具有性能稳定、保质期长、便于运输和保存等优点，已广泛用于医药、食品、饲料、皮革、纺织及洗涤等工业。

4.7.2.3　固定化酶

固定化酶是指被水不溶性载体固定在一定空间进行催化反应的一类酶。与游离酶（未被不溶性载体固定的酶）相比，固定化酶稳定性好、不溶于水，易于从混合物中回收，从而实现反复利用。固定化酶已广泛用于食品、医疗、能源和环境治理等领域，工业上大量使用的葡萄糖异构酶、青霉素酰化酶等一般都是固定化形式的酶制品。

常用的酶固定化技术包括吸附法、共价结合法、包埋法和交联法等。对于不同的酶，目前没有通用的固定化策略，需要依据具体酶的性质和应用来选择适宜的固定化技术，具体见本书第七章。

4.7.2.4　复合酶

由于酶催化的专一性以及被处理对象在生物组成和结构上的多样性，单一酶制剂往往达不到预期的效果，而通过多种单酶制剂的协同作用可实现更好的处理效果。复合酶制剂应运而生，也是酶制剂产品的发展趋势。

复合酶制剂是含有两种或两种以上单酶的酶制剂，可由单一微生物发酵产生，也可由两种及两种以上的酶按一定比例复配而成。由于直接发酵很难获得最优比例的复合酶制剂，所以单酶复配是复合酶制剂发展的重点。

酶制剂的复配可以是不同类型酶制剂的复配，如蛋白酶和纤维素酶等水解酶的复配，用于解决动物饲料中利用率不足的问题；也可以是同一类酶中不同来源、不同特性多种酶的复配，如在木质纤维素水解作用中，复配不同来源、不同作用位点的纤维素酶可以通过协同作用有效提高纤维素水解效率。

酶制剂的复配要注意以下几个问题：

（1）要了解被处理对象的结构特点和成分组成，并据此选择合适的酶制剂类别进行复配研究。

（2）选用的酶在使用环境要求上不能有冲突。如酸性纤维素酶不适合与碱性蛋白酶复配。

（3）需要在收集酶及应用对象相关信息资料的基础上，通过配方预设计和优化实验确定最优的复配比例和作用条件，优化的条件主要包括：固液比、温度、pH和作用时间等。

目前，复配的复合酶制剂已经广泛应用于饲料、食品、纺织和洗涤剂等多项领域。如由木瓜蛋白酶、木霉纤维素酶和曲霉木聚糖酶组成的复合酶制剂可同时作用于饲料中的蛋白质、纤维素和木聚糖。在蛋白质资源的高值化加工和综合利用中，利用复合蛋白酶水解动植物蛋白获得的生物活性肽具有更高的营养价值和丰富的保健功能。复配常用的蛋白酶包括动物蛋白酶（胃蛋白酶和胰蛋白酶等）、植物蛋白酶（木瓜蛋白酶等）以及微生物蛋白酶（碱性蛋白酶、中性蛋白酶和酸性蛋白酶等）。复合酶也广泛应用于面粉加工和焙烤业，复配常用的酶制剂有淀粉酶、蛋白酶、木聚糖酶、葡萄糖氧化酶和脂肪酶等。

　　思考：在酶的生产技术中，通常使用微生物或动植物来源的天然酶。你认为现有生产技术能否完全满足工业需求？

产出评价

自主学习
　　设计一种酶（如碱性磷酸酶、苹果酸脱氢酶）的提取与分离纯化方案，要求有清晰的技术路线，需进行酶得率和纯化效率评价。

实践项目
酶（如碱性磷酸酶、苹果酸脱氢酶）的提取与分离纯化。

实践项目 1

实践项目 2

单元测试

单元测试题目

5 新酶的筛选与异源表达

知识目标：理解酶筛选的流程；了解重组酶的基因构建及异源蛋白表达菌株的构建元件；了解大数据用于基因挖掘的研究进展。

能力目标：能进行从自然界中筛选酶方案的设计；能根据应用场合选择不同的数据库进行分析；了解酶信息数据库的优缺点；能从网络上获取信息，在一定程度上进行分析得出结论，并能按正确的格式撰写总结报告。

素质目标：认识生物信息学技术对于酶工程发展的意义。

酶是大自然对我们人类的馈赠。在自然界数亿年的进化过程中，酶分子形成了复杂的结构，以行使各自的功能。20世纪30年代，酶多来源于动物内脏，尤其是猪或牛的胰脏；随后从菠萝和木瓜中分别获得了菠萝蛋白酶和木瓜蛋白酶；1967年，诺维信公司（Novozymes）开始从微生物中筛选不同功能的酶，这使得酶的来源更加丰富，从动植物组织扩展到微生物。由于微生物种类繁多、生长的条件千差万别，可以产生多种类型的酶，已成为酶的重要来源。随着生命科学研究技术的突破及基因组数据的积累和开放共享，酶的来源已从传统的动物、植物、微生物进一步拓展至基于基因组数据发掘和酶基因的直接人工合成，再通过定向进化及异源基因表达获取。

5.1 新酶的发现与筛选

从生物体找寻适宜属性的天然酶是目前研发工业用酶的重要途径。自然环境中的微生物具有丰富的多样性，1g土壤中约含1000～100000种微生物，酶在自然选择压力下还在不断地进化与演变，使自然界的酶资源宝库不断丰富。直接从环境样本中筛选与鉴定新酶是重要的酶发掘手段之一，比如20世纪70年代，科学家们从热泉中筛选到耐高温的DNA聚合酶，该酶成为现代生命科学研究不可或缺的PCR技术基础。而近年来新方法学的突破，例如大规模基因测序技术、基因人工合成技术、高通量筛选技术，使科学家们得以使用数据挖掘的手段来发掘新酶。

5.1.1 从自然界筛选

从自然界中筛选产酶菌种是获得各种酶最直接有效且最基本的一种途径。然而，该在何处、如何筛选产酶的微生物呢？关键在于根据生产实际需要、目的酶性质、可能产生所需产物的微生物菌种分类地位，以及微生物的分布、特性及生态环境等，设计选择性高的分类筛选方法，如此才能快速从特定环境及混杂的多种微生物中获得所需菌种。

5.1.1.1　传统方法筛选酶

一般菌种分离纯化和筛选步骤为：样品的采集、样品的预处理、富集培养、菌种初筛、菌种复筛、性能鉴定及菌种保藏等。

5.1.1.1.1　含微生物样品的采集

自然界含菌样品极其丰富，土壤、水、空气、枯枝烂叶、腐烂水果等含有众多微生物，种类数量十分可观。但总体来讲土壤是微生物最丰富的场所。一般情况下，土壤中含细菌数量最多，且每克土壤的含菌量大体有如下规律：细菌（10^{10}）>放线菌（10^7）>霉菌（10^6）>酵母菌（10^5）>藻类（10^4）>原生动物（10^3），其中放线菌和霉菌指其孢子数。但各种微生物由于生理特性不同，在土壤中的分布也随着地理条件、养分、水分、土质、季节而有很大的变化。因此，在分离菌株前要根据分离筛选的目的，到相应的环境和地区采集样品。另外也可根据微生物生理特点采样。

知识拓展

工业生产要求通过优化物理、化学参数达到最高产量，然而现有大多数酶的特性难以满足这些实际要求。极端环境，如温泉、咸水盆地、酸性矿山、冰川土壤、冰川冰和南极土壤等极端环境，是蕴藏着丰富且大多尚未开发的新型酶的宝库。虽然极端环境中微生物群落的多样性低，但这些环境仍然是非常有价值的样本来源。

5.1.1.1.2　含微生物样品的富集培养

富集培养是在目的微生物含量较少时，根据微生物的生理特点，设计一种选择性培养基，创造有利的生长条件，使目的微生物在最适的环境下迅速地生长繁殖，数量增加，由原来自然条件下的劣势种群变成人工环境下的优势种群，以利于分离到所需的菌株。富集培养主要根据微生物的碳源、氮源、最适 pH、最适温度、需氧性等生理因素加以控制。

知识拓展

筛选极端微生物时，就需针对其特殊的生理特性，设计适宜的培养条件，达到富集的目的。例如，在分离产适冷酶的微生物时，可将样品中的微生物置于低温培养，使其他微生物的生长受到抑制，易于分离到所需的目的微生物。

5.1.1.1.3　产酶微生物的筛选

经富集培养以后的样品，目的微生物得到增殖，占优势，其他种类的微生物在数量上相对减少，但并未全部死亡。富集后的培养液中仍然有多种微生物混杂在一起，即使占优势的一类微生物，也并非纯种。例如，同样一群以油脂为唯一碳源的脂肪酶产生菌，有的是细菌，有的是霉菌，有的生产能力强，有的生产能力弱。因此，经过富集培养后的样品，需要进一步采用合适的方法去筛选获得高酶活菌株。

知识拓展

5.1.1.2　基于宏基因组学的方法挖掘新酶

宏基因组（metagenome）是指某一特定生境中全部微生物遗传物质的总和，包含了可培养的和尚不能培养的微生物的遗传信息，不单独分离培养环境样品中的微生物，而直接提取微生物群落中所有的 DNA 进行分析。传统培养方法依赖于生物分离及体外培养，只能从环境中获得不到 1% 的微生物。宏基因组学挖掘新型酶，通过直接从环境样品中提取全部微生物的 DNA，可以绕过培养瓶颈，构建宏基因组文库，再基于功能活性和序列分析筛选新型酶。随着宏基因组学的发展，二代测序成本的大幅度下降和计算能力的不断提高，宏基因组学研究的成本日趋降低，效率和精确度不断上升，基于宏基因组学获得生物催化剂已经成为最重要的方法之一。基于宏基因组学从环境 DNA 鉴定新型酶的方法如图 5-1 所示。

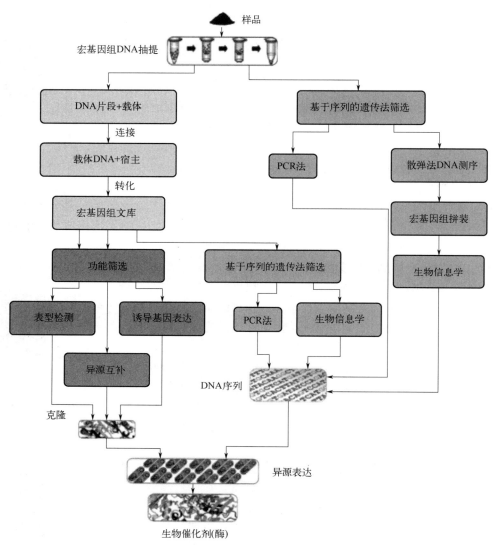

图 5-1　基于宏基因组学从环境 DNA 鉴定新型酶的方法（引自：彭司华等，2019)

5.1.1.2.1　环境样品的处理和 DNA 的分离

为维持高度多样性的微生物群落，通常不会在 DNA 提取前对环境样品进行富集。但对样品的富集可以增加含有潜在目的基因的基因组 DNA 拷贝数，增加成功的可能性。目前已经基于噬菌体展示、亲和捕获、微阵列、差异显示、抑制消减杂交和稳定同位素探测等技术开发了一些有效的富集方法。

　　环境 DNA 的分离通常是宏基因组分析的第一步，由于提取样品中存在蛋白质、腐殖酸、多糖、多酚等杂质，这些物质可与 DNA 共纯化，非常难去除，并会影响后续分离的 DNA 的酶学操作。一般来说，根据靶基因的大小和筛选策略的不同，提取方法可分为两种。一种是直接提取方法，即不经过微生物培养分离过程。直接提取方法，使用蛋白酶和洗涤剂处理含有未培养微生物的环境样品，然后提取和纯化宏基因组 DNA，这类方法已成功用于从微生物群落中分离宏基因组 DNA。该方法的优点是可获得较高的 DNA 回收率，保证所获得样品具有一定的代表性。但受到机械剪切力作用，所提取的 DNA 片段较小（一般 1～50kb），适合克隆到具有强启动子的质粒或 λ 载体。另一种方法是间接提取法，即在裂解前利用物理手段将微生物从环境样品中分离出来，然后裂解细胞并提取 DNA。这个方法避免了机械剪切对裸 DNA 的直接作用，因此得到的 DNA 片段较大（20～500 kb）。该方法的优点是减少了非微生物的污染，缺点是 DNA 的回收率较低，通常直接提取的回收率高于间接提取的回收率。

　　宏基因组 DNA 的提取是构建宏基因组文库的关键步骤，因为环境样品总 DNA 的浓度、纯度、片段大小和偏好性等因素将直接影响宏基因组文库的质量和代表性，所以，在具体选择何种方法时，应在 DNA 回收率、操作简便性与 DNA 的完整性和纯度之间寻找一个合适的平衡点。

5.1.1.2.2　宏基因组文库构建

　　对于不同的研究目标，所选择的构建文库的载体和宿主细胞也有所不同。载体的选择主要考虑目的基因的插入、表达等影响目的基因质量和表达量的因素。目前常用的载体包括质粒（插入小片段）、cosmid、fosmid、BAC/YAC（细菌/酵母人工染色体）、λ 噬菌体等，其中最常用的是 fosmid 和 BAC。fosmid 是将 pBAC 引入 pUCcos 后融合构建的载体系统，其插入片段小，克隆率高，稳定性强。BAC 的插入片段大，但克隆率低。

　　选择宿主细胞需要考虑载体类型是否匹配，转化效率，重组载体在宿主细胞中的稳定性，宏基因表达量，宿主能否为相关功能基因提供必需的转录表达体系，对异源表达基因产物是否有较强的相容性，以及筛选的目标性状等因素，一般采用大肠杆菌、链霉菌、假单胞菌等。

5.1.1.2.3　宏基因组文库筛选

　　基于宏基因组文库的酶筛选方法可分为两类：一类是基于功能的筛选方法（表型检测法、异源互补法和底物诱导法），另一类是基于 DNA 序列的筛选法。文库筛选的效率不断提高，使得能够分离更多功能基因和发现新的活性物质。

　　（1）基于功能的筛选：该方法是基于分离表现出预期表型的阳性克隆，然后通过生物化学分析或 DNA 测序分析其表达的蛋白质，可以快速鉴别有开发潜力的克隆子及全长基因。基于生物学功能筛选的方法与已知基因的序列相似性无关，所以能够筛选到具有优良特性的酶，并已成功应用于宏基因组文库筛选。

知识拓展

　　（2）基于 DNA 序列的筛选：对于基于 DNA 序列的筛选，根据已知基因序列设计的 PCR 引物或探针以通过 PCR 扩增或杂交鉴定阳性克隆。这种方法不依赖重组基因在外源宿主中的表达，例如，研究者对豪猪粪便样本进行宏基因组测序来鉴定可能的纤维素或半纤维素降解酶，成功地鉴定和表征了一种新的半纤维素降解酶。其他 DNA 序列筛选方法包括 DNA 微阵列、稳定同位素探测、基因捕获、亲和捕获、荧光原位杂交（FISH）、消减杂交磁珠捕获和逆转录 PCR（RT-PCR）等。然而，基于序列的筛选方法限于具有高度保守区域的基因（例如，已知基因家族的新成员），由于 PCR 引物是根据序列的保守性来设计的，从而筛选出的基因与具有实际用途的基因在序列上差别很大，并且通过 PCR 扩增很难找到全新的基因，这样就很难发现新类型的酶。

宏基因组技术避开了微生物纯培养的过程，扩大了可研究的微生物范围，是一种筛选新酶基因的有效方法。

5.1.2 大数据挖掘

基因挖掘就是根据催化特定反应的需要，从文献中寻找相关酶的同源基因序列，并以此作为基因探针，在基因组数据库中进行序列比对，筛选获得同源酶的编码信息，继而进行酶的批量异源表达和高通量筛选，最终获得催化性能更优的新型生物催化剂。

基因挖掘的前提是已知催化特定反应酶蛋白的相近基因或蛋白质序列，如果催化特定反应的酶蛋白序列完全未知，此时对这种新型生物催化剂即新酶需要进行全新的设计。更多时候，可能是我们通过基因挖掘，找到了一些催化特定反应的酶蛋白序列，但相应的催化功能并不完善，即活性可能没有或较低、选择性很差、稳定性差等，需要对此酶进行进一步改造。

大数据时代对新酶基因的挖掘产生了重要的影响。随着高通量测序和基因合成成本的大幅度降低以及生物信息学工具的发展，新酶的挖掘不再依赖特定物种的活菌株，而是在数据库中收录的全基因组或宏基因组序列中挖掘筛选符合需求的酶序列，然后合成基因并建立重组表达系统。

5.1.2.1 酶资源信息库

由于能够提供丰富的酶学信息且能辅助新酶的发现，酶资源数据库已经成为酶学研究与应用不可或缺的一部分。酶相关的数据库主要包括：序列数据库（如 EMB 和 NCBI 的 RefSeq）、三维结构数据库（如 PDB）、化学数据库（如 ChEMBL）、蛋白质家族数据库（如 DExH/D）、多态性和突变数据库（如 dbSNP）、蛋白质组学数据库（如 PRIDE 和 ProteomicsDB）、基因组注释数据库（如 KEGG）、生物特异性数据库（如 ProMiner）、酶和途径数据库（如 BRENDA 和 Reactome）、家族和域数据库（如 iPfam）等。

知识拓展

5.1.2.2 基因挖掘策略

基因挖掘是一种后基因组时代更加快速、高效地获取新酶的方法，它极大地缩短了新酶的开发周期，从常规的 2～3 年可缩短至 2～3 个月，甚至 2～3 周。下面具体介绍几种酶的基因挖掘策略。

5.1.2.2.1 从已测序的微生物基因组中挖掘目标酶基因

随着基因测序技术的飞速发展，越来越多的微生物基因组被测序，其中有一部分基因的开放阅读框所编码的酶潜在功能已被预测，但可能未经实验证实；另有大量开放阅读框所编码的酶信息仍未被注释或实验研究。一方面可以直接将已注释的假想酶基因进行克隆表达，并通过活力检测来获得所需的候选生物催化剂；另一方面还可通过对未注释酶的开放阅读框进行比对分析，并与已报道类似酶的保守序列进行比较，找到具有潜在功能的目标新酶编码序列，进而通过克隆表达来获得结构/功能全新的目标生物催化剂。目前有相当多的酶都是用这种方法获得的。

5.1.2.2.2　基于探针序列的基因挖掘

这是最常用的基因挖掘方法，以文献报道的催化相应反应的酶序列为探针序列，在数据库中比对其他特定的菌株或全数据库范围内的同源序列，使用 DNAMAN 或 BioEdit 等软件构建进化树并分析比对结果，最后克隆相应的候选基因。基因全合成技术也让难培养菌株中的基因便于获得，目前基因合成的成本也越来越低，该基因挖掘方式被广泛采用。

5.1.2.2.3　基于序列和结构信息相结合的基因挖掘

上述基因挖掘方法会生成大量的比对序列，针对特定的底物，如确定有活性的酶比较困难，这时从底物和酶的相互作用中可以找到一些线索。Siegel 课题组采用序列分析和分子对接相结合的方式挖掘出酮异戊酸脱羧酶。其流程是：先进行序列分析，去掉同源性过高的序列以提高序列之间的差异性；然后用软件对余下的酶的结构进行同源建模，保留能量较低的结构模型；再将候选酶与底物进行分子对接，依据自由能从低到高排序，进一步缩小候选酶的范围。这种方法可以批量化、程序化，但酶结构的同源建模和分子对接不一定能做到十分精确。

5.1.2.2.4　基于智能计算的基因挖掘

近年来，随着人工智能（AI）技术的突飞猛进，智能计算的方法在很多领域得到广泛应用。作为人工智能主要领域的机器学习，也正在从传统的机器学习（回归、决策树、支持向量机、贝叶斯模型、神经网络等）向深度学习（deep learning）和强化学习（reinforcement learning）迈进，其泛化能力大大增强。人工智能本身是数据驱动的，在酶及相关数据日益丰富的大数据背景下，使其在酶基因挖掘领域更具有效应用的优势。上述与酶挖掘相关的基因序列、酶蛋白、酶结构等方面的数据库，甚至实验实测的数据，可以提供基于智能计算基因挖掘的强大数据来源。2020 年 2 月 12 日的《自然·通讯》报道，研究人员开发出一种使用深度学习来识别疾病相关基因的人工神经网络。除了充分可靠的数据、合适的智能模型，模型训练还需要高性能计算的支持。例如，DeepMind 开发的蛋白质结构预测算法 AlphaFold 和 AlphaFold2 分别在 CASP13 和 CASP14 上取得很大成功，这不仅得益于大量 PDB 数据的使用和深度神经网络建模，背后更离不开 Google 云计算的强大计算能力的支持。人工智能需要经过训练才能有预测能力，基因挖掘一般也是要找出具有特定功能的酶，能够一般性地满足任意需求的基因挖掘的 AI 工具可能也是不切实际的。

在酶的发现与筛选方法中，从环境样本（包括宏基因组样本）中基于酶的功能进行筛选仍是有力的方法。在期望得到具有特定功能的"新"酶时，该方法尤其具有优势。但同时，基于功能的筛选依赖于高通量的筛选方法。幸运的是，近年来开发了液体微流控和质谱技术等新的筛选方法，大大提高了筛选的范围和通量。

宏基因组学和基于大数据的生物信息学为鉴定环境样品中的新型酶提供了分析途径。DNA 测序和筛选技术及相关数据分析方法快速发展，已经从宏基因组文库中分离出许多新的酶，这些酶具有作为工业生物催化剂的应用潜力。除开发更有效的原核宿主细胞和表达载体之外，进一步研究真核宿主细胞和相容性载体可能会产生优势。宏基因组学技术与生物信息学的结合也取得了新的进展，可以更方便地分析复杂的宏基因组序列。总之，宏基因组学与生物信息学技术在开发存在于不同自然环境中的酶多样性方面发挥着越来越重要的作用。

随着人工智能在酶研究领域的广泛应用和 DNA 序列人工合成技术的发展，从事酶研究的人员能够非常方便地获得所需要的基因实物和酶蛋白，为进一步开展酶的结构和功能研究奠定了基础，也为获得高工业应用性能的酶提供了技术支撑。基因合成技术的突破，为新酶基因的获得提供了极为方便的途径，也将极大地推动酶的研究工作，使得更多的酶催化技术方法在更多的物质合成中发挥作用，为绿色制造的实际应用开辟美好的未来。

5.2　酶基因的异源表达

通过宏基因组、数据库挖掘等方式获得的酶蛋白编码基因，在经过适当的理性设计后完成基因合成，根据目的要求在合适的表达系统或宿主细胞内进行基因的表达。酶基因的表达系统主要包括原核细胞表达系统（如大肠杆菌、枯草芽孢杆菌等）和真核细胞表达系统（如毕赤酵母、丝状真菌、昆虫细胞、哺乳动物细胞等）。

5.2.1　原核工程菌产酶

5.2.1.1　大肠杆菌表达系统

大肠杆菌具有生长速率高、操作简便、可高密度发酵、可应用众多成熟分子操作技术对其进行操作等优势，成为目前原核表达系统中占据优势的菌株。表达系统中最重要的元件是表达载体，表达载体应当具有表达量高、稳定性好、适用范围广等优点。表达载体主要包括启动子、表达阅读框、终止子、复制起点以及抗性筛选标记等重要元件。

近年来的研究表明，在科研和工业上被广泛应用的大肠杆菌表达载体主要有 pGE 系列、pQE 系列和 pET 系列，其中目前被广泛应用的高效表达载体是 pET。此系统是在大肠杆菌中表达外源蛋白最高效、产量最高、成功率最高的表达载体。它最初是利用与启动子配套并且能高效转录特定基因的外源 RNA 聚合酶构建的 T7 RNA 聚合酶/启动子系统，可以整合各种基因（包括原核细胞、真核细胞）生产大量的目的蛋白。

外源基因是整个表达过程最关键的因素，因为它决定了通过表达系统是否得到目的产物。原核基因在大肠杆菌表达系统中可以直接进行表达，而真核基因属于断裂基因，其基因组 DNA 中的基因区别于原核基因，是不连续的，其中含有内含子序列，转录出的前体 mRNA 不能被大肠杆菌进行剪切，从而形成有功能的 mRNA，不能完成正常的蛋白翻译功能，因此无法在大肠杆菌表达系统中直接进行表达。大肠杆菌不能识别真核基因转录和翻译元件，所以必须提供大肠杆菌识别的转录及翻译元件，以保证真核基因的表达。例如，真核基因的前导肽不能被大肠杆菌识别，因此在设计真核基因时应去除前导肽序列，必要时换以原核细胞的信号肽序列。此外，许多蛋白质都是以无活性的前体蛋白的形式表达，必须通过翻译后的加工修饰才能成为真正有活性的功能蛋白，因此在设计外源基因序列时应从活性蛋白质编码序列开始。

宿主作为外源基因的表达主体，对其表达活性和表达量会产生很大的影响。每个宿主细胞都可以被看成一个微观的小型工厂，按照细胞固有的程序完成一系列活动。菌株内源的蛋白酶过多，可能会造成目的基因产物表达的不稳定性，所以理想的宿主菌株往往是蛋白酶缺陷型的菌株。其中，最经典的蛋白酶缺陷型菌株就是 BL21 系列菌株。BL21（DE3）是其中研究最成熟的菌株。DE3 上携带了 T7 RNA 聚合酶基因，这个工程菌可用来过量表达由 T7 启动子控制的目标蛋白。T7 RNA 聚合酶基因由 lacUV5 启动子控制，因此其表达需要 IPTG 诱导。酶在大肠杆菌中的表达流程如图 5-2 所示。

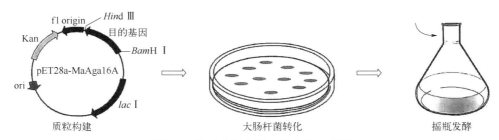

图 5-2　酶在大肠杆菌中的表达示意图

不同的目的基因具有不同的结构多样性，并且与大肠杆菌基因有明显的差异性，因此不同外源基因的表达效率往往存在很大的差异。载体（启动子）和宿主菌的选择、密码子的选用、mRNA 的稳定性、培养条件的控制和表达产物的后加工处理等因素都是影响大肠杆菌表达外源蛋白的关键因素。

大肠杆菌表达系统由于其生长迅速，培养成本低廉，并且表达外源重组蛋白水平在极短时间内可富集最高达总蛋白量的 40%～50%，在异源重组蛋白的表达中使用非常广泛。但外源蛋白在大肠杆菌中的可溶性表达一直是一个难以解决的问题，很多重要的蛋白质家族包括磷酸酶、激酶、膜相关蛋白等都难以在大肠杆菌实现可溶性表达。目前普遍认为重组蛋白表达形成包涵体与翻译和折叠速率有关。在大肠杆菌中的上述两步的速率几乎比真核系统中高出一个数量级，出现翻译后折叠错误的概率会很高。为了解决蛋白质可溶性表达问题已开展了很多研究，如通过降低培养温度来减缓蛋白质的表达速度，应用不同的启动子控制转录速率，通过共表达分子伴侣等手段提高折叠的正确率，改善大肠杆菌表达体系的糖基化能力和形式，优化提高在原核宿主系统中的二硫键的氧化与正确形成能力等。随着代谢工程和合成生物学技术的快速发展，对宿主细胞进行改造提高宿主的物质、能量代谢水平，减小细胞代谢负担和优化代谢通路，成为提高外源蛋白表达水平的新方法。研究人员发现了两个关键调控基因 prpD 和 malK，高表达这两个关键基因可以提高不同外源蛋白的表达水平，针对该高效表达系统作用机制的研究显示，上调 malK 基因可使 prpD 基因及其通路中 5 个关键基因的表达连续上调，而 prpD 基因的上调可使细胞内以丙酮酸为核心的物质能量代谢在有外源蛋白表达时整体上调从而平衡细胞应激压力，该系统还有利于缓解大肠杆菌发酵后期的乙酸抑制。此外，构建融合表达标签的载体库，通过筛选实现了植物来源的糖基转移酶 UGT76G1 等复杂蛋白的可溶性表达。研究发现利用定向进化对信号肽序列进行优化，提高了大肠杆菌分泌目标酶蛋白的能力，为优化提高酶蛋白在大肠杆菌中分泌表达提供了有效的方法。

5.2.1.2　芽孢杆菌表达系统

大多数芽孢杆菌属菌株皆能天然合成并分泌多种酶制剂，在工业酶制剂发展进程中发挥了重要作用。发展至今，多个芽孢杆菌属菌株已经被发展成为优秀的工业酶制剂表达宿主。芽孢杆菌表达系统因其具有营养要求简单、生长快速、蛋白分泌量大等特点，已在多种大宗工业酶制剂如蛋白酶类、淀粉酶类、乳糖酶、果胶酶类、纤维素酶类和脂肪酶的规模化生产中发挥着不可替代的作用。可用于酶制剂生产菌株构建的芽孢杆菌属宿主菌株有枯草芽孢杆菌、地衣芽孢杆菌、解淀粉芽孢杆菌、巨大芽孢杆菌以及短小芽孢杆菌等。

相较于其他异源蛋白表达系统，枯草芽孢杆菌具有遗传操作简单、菌株安全、遗传背景清晰等诸多优势，是生产异源蛋白的优良宿主。基于对枯草芽孢杆菌表达和分泌异源蛋白的机理研究，目前已经开发多种策略用于解决异源蛋白产量过低的问题，包括筛选启动子、提高 mRNA 稳定性、筛选信号肽、分泌途径的优化（转运蛋白、信号肽酶）、过表达伴侣蛋白、细胞壁改造以及胞外蛋白酶敲除等。除了上述热点较高的策略之外，其他新型策略正在逐步被开发，改善全局碳、氮代谢网络调控，对细胞基因组进行精简敲除细胞自裂解的相关基因来提高菌株发酵密度，均被证明是提高异源蛋白产量的有效方法。

虽然在枯草芽孢杆菌中表达和分泌异源蛋白已经取得了巨大成就，但是高水平生产真核生物蛋白仍面临较大挑战，例如存在表达质粒不稳定、真核基因转录水平低、蛋白折叠效率低以及蛋白转运效率低等问题。未来，我们可着眼于以下 3 个方面对真核基因的分泌表达瓶颈进行探究。①启动子活性的定义：目前对启动子的研究主要集中于启动子的筛选和优化以及串联启动子，如果能够对启动子的活性有精确定义，有利于研究人员快速便捷地选择最适启动子。②信号肽与编码区的匹配机制：不同异源基因的最适信号肽均不相同，而且两者之间的匹配机制尚不清楚。通过生物信息学的方法将所有信号肽进行合理归纳，探究信号肽与编码区的匹配机制，或许可以突破真核基因分泌表达的瓶颈。③异源分子伴侣和目的基因共表达：寻找与目的蛋白相匹配的异源分子伴侣并在枯草芽孢杆菌中共表达，或许可以大幅度提高蛋白折叠效率，防止其在胞内被降解，从而提高异源蛋白产量。同时，可以将新兴技术应用于枯草芽孢杆菌分泌表达异源蛋白这一领域中，例如基因编辑技术和孢子表面展示技术。①基因编辑技术：CRISPR/Cas9 技术是一种新兴的基因编辑技术，作为靶向基因编辑的有力工具，能够在枯草芽孢杆菌中实现多位点基因编辑、多途径精确调控，是未来菌株改造的有效手段。②孢子表面展示技术：孢子表面展示技术在生产异源蛋白领域具有诸多优势，例如融合蛋白不需要通过任何膜，大大提高分泌效率，然而该技术仍存在困难需要研究人员克服，例如孢子上表达的蛋白数量过低、展示蛋白的活性较低等。

与枯草芽孢杆菌模式菌株相比，地衣芽孢杆菌和解淀粉芽孢杆菌显示了更强的蛋白分泌和生产能力，且细胞生长速率快，生物发酵密度高，是理想的工业生产菌株，已广泛用于蛋白酶、淀粉酶、脂肪酶等重要工业酶制剂的生产。然而，这两种菌普遍存在遗传操作困难，分子工具严重匮乏的技术瓶颈。研究人员构建了芽孢杆菌质粒种间转移系统，利用内切核酸酶基因 *mazF* 作为负筛选标记，成功将松弛型质粒 pBE980 和严谨型质粒 pHT43 从枯草芽孢杆菌 168 中转移到地衣芽孢杆菌、解淀粉芽孢杆菌和巨大芽孢杆菌中。该转化方法操作简便，为难以进行常规分子操作的野生型芽孢杆菌菌株提供了较理想的转化方案。同时，也构建了一套高拷贝数、高稳定性的 pUC980 系列穿梭质粒，以及基于 CRISPR 的基因表达调控系统，通过敲除菌株自身产芽孢基因，利用高稳定性高拷贝质粒表达，再结合 dCas9-ω 因子融合蛋白加强基因的转录水平，将中温 α-淀粉酶表达量提高到初始菌株表达量的 5.9 倍。

5.2.2　真核工程菌产酶

5.2.2.1　毕赤酵母表达系统

在众多酵母菌种中，毕赤酵母重组蛋白生产发酵工艺最为成熟，细胞干重可达 150g/L，发酵规模可放大至 80000L。据美国 Research Corporation Technologies 的统计（http://pichia.com/），已有 5000 余种蛋白质成功在毕赤酵母中表达，1000 余所研究机构在使用毕赤酵母表达系统，70 余个由毕赤酵母表达的商业化产品已经上市。工业酶制剂领域中有许多酶制剂，包括植酸酶、脂肪酶、甘露聚糖酶、木聚糖酶等利用毕赤酵母实现了产业化规模的生产。毕赤酵母的生产性能已得到广泛认可。

毕赤酵母是一种单细胞微生物，很容易操作和培养。同时，它也是真核生物，有能力执行真核细胞蛋白质水解加工、折叠、二硫键形成和糖基化等很多翻译后修饰功能。因此，许多在细菌系统中处于非活性状态包涵体中的蛋白质在毕赤酵母中可以成功作为生物活性分子表达。毕赤酵母系统一般比衍生于高等真核生物的表达系统（如昆虫和哺乳动物组织培养细胞系统）更快、更容易培养，成本更低而且通常表达水平也更高。

毕赤酵母在基于 AOX1 启动子表达外源蛋白的过程中，通常利用甲醇作为唯一的碳源和诱导物进行生长和蛋白质表达。异源蛋白在毕赤酵母细胞内表达后分泌到培养基中。由于毕赤酵母只能低水平地分泌内源性蛋白质，而其培养基中又不包含蛋白质，因此培养基中的绝大多数蛋白质是分泌的异源蛋白，有利于后续的分离纯化。

毕赤酵母表达系统的另一个特点是表达菌株的发酵规模容易从摇瓶放大到高密度发酵罐发酵。迄今已有许多关于毕赤酵母表达菌株高细胞密度发酵技术优化方面的研究报道，已开发出各种各样分批补料和连续培养的方案。

延伸阅读

延伸阅读

5.2.2.2　丝状真菌表达系统

丝状真菌由于其能高效表达异源蛋白而越来越受到人们的重视。丝状真菌表达异源蛋白具有表达量大、胞外分泌率高、蛋白质分子折叠和修饰系统接近高等真核细胞等特点，且表达的外源蛋白具有天然活性。另外，丝状真菌还能进行各种翻译后加工，如糖基化修饰、蛋白酶切割和二硫键的形成。丝状真菌具有良好的安全性，许多菌种如黑曲霉、米曲霉和里氏木霉等已长期应用于食品及食品加工业。同时，丝状真菌的发酵程序较成熟，且成本较低，为其投入工业化生产奠定了良好的基础。许多同源和异源蛋白已在丝状真菌中实现高效表达，丝状真菌中的曲霉属和赤霉属的一些种，在理想的培养条件下发酵，发酵液中分泌葡糖淀粉酶的产率可达 20g/L，分泌纤维素酶可达 40g/L，比一般细菌高出 2～400 倍。

丝状真菌具有成熟的蛋白分泌修饰系统，是工业酶制剂等蛋白质产品的重要生产者。近年来，随着代谢工程和分子生物学的快速发展，利用越来越多的丝状真菌如粗糙脉孢菌、黑曲霉、嗜热毁丝霉和里氏木霉开展了纤维素酶、糖化酶、抗体等蛋白质产品合成研究。在快速发展的后基因组时代，利用代谢组学、转录组学等技术，结合系统生物学方法深入解析丝状真菌细胞的蛋白分泌过程，极大地促进了丝状真菌蛋白质工业菌株的理性设计与改造。

延伸阅读

思考：采用第 4 章、第 5 章两章中的酶工程技术已可生产多种酶制剂，但酶稳定性差，注射用的异源酶具有免疫原性、使用成本高的缺点如何克服呢？

产出评价

自主学习

自然界中尚存在大量的微生物无法用传统方法进行开发研究，我们将这类微生物称为未培养微生物。请查找文献，详细论述未培养微生物酶的筛选策略。

单元测试

单元测试题目

6 酶分子修饰

知识目标：能理解酶分子修饰的原因，阐述酶分子修饰的概念，归纳总结酶分子修饰的方法、原理与作用，能描述定点突变和定向进化的原理及技术过程。

能力目标：能根据酶的特性选择适宜的修饰方法；能初步进行酶定点突变和定向进化技术路线设计。

素质目标：了解分子生物学与基因工程技术对酶工程发展的意义。

作为生物催化剂，酶具有催化效率高、专一性强和作用条件温和等显著优点，但酶也具有异源蛋白的免疫原性、稳定性差等缺点，严重制约了酶的应用范围和效果。如何提高酶的稳定性、解除酶的免疫原性，并根据需要改变酶学性质以提高酶活性、扩大酶的应用范围，已是酶工程研究的重要内容。

酶的结构决定了它的功能和性质，因此酶的结构发生改变，就有可能改变酶的某些特性和功能。通过各种方法使酶分子结构发生某些变化，从而改变酶的某些特性和功能的技术过程，称为酶分子修饰。

酶分子修饰可以提高酶活力、增强酶的稳定性、消除酶的抗原性，甚至改变酶的底物特异性、改变催化反应的类型和增加新的催化功能等，目前修饰酶已广泛应用于食品、医药和化工行业。此外，酶分子修饰还可研究酶分子中主链、侧链、金属离子和各种物理因素对酶分子空间构象的影响，并进一步探讨其结构与催化特性之间的关系，可见，酶分子修饰也是酶学研究的重要工具。

根据技术手段的不同，酶分子修饰可分为物理修饰、化学修饰、酶法修饰和基因水平的修饰；按照修饰部位的不同，又可分为主链修饰、侧链修饰、金属离子置换修饰和仅空间结构改变的修饰。本章将对酶分子修饰的方法和作用进行详细介绍。

6.1 酶的主链修饰

主链是酶分子结构的基础，主链一旦改变，酶的结构和特性将随之发生某些改变。由氨基酸连接而成的肽链和由核苷酸连接而成的核苷酸链分别是蛋白类酶和核酸类酶的主链。利用酶分子主链的切断和组成单位置换，使酶分子的化学结构及其空间结构发生某些改变，从而改变酶的催化特性的方法，称为酶分子的主链修饰。主链的切断主要采用专一性的酶在酶分子的特定位点进行催化切断，组成单位置换采用化学修饰的难度较大，多是通过基因修饰来实现，如酶基因的定点突变或随机突变。

6.1.1　主链的切断修饰

在肽链或核苷酸链的特定位置进行剪切，除去部分肽段或核苷酸残基，使酶的空间结构发生某些精细的改变，从而改变酶的催化特性的方法称为主链的切断修饰。如肠激酶激活胰蛋白酶，用肠激酶在胰蛋白酶氨基端去除一个六肽（Val-Asp-Asp-Asp-Asp-Lys），得到的胰蛋白酶具有催化功能，如图 6-1 所示；胰蛋白酶修饰天冬氨酸酶，从其羧基端切除 10 个氨基酸残基的肽段，可以使天冬氨酸酶的活性提高 5 倍左右；四膜虫 26S rRNA 前体经过自我剪接作用形成成熟的 26S rRNA 过程中产生线性间隔序列 GIVS，GIVS 再经两次切割，环化得到多功能核酸类酶 L-19IVS，如图 6-2 所示。

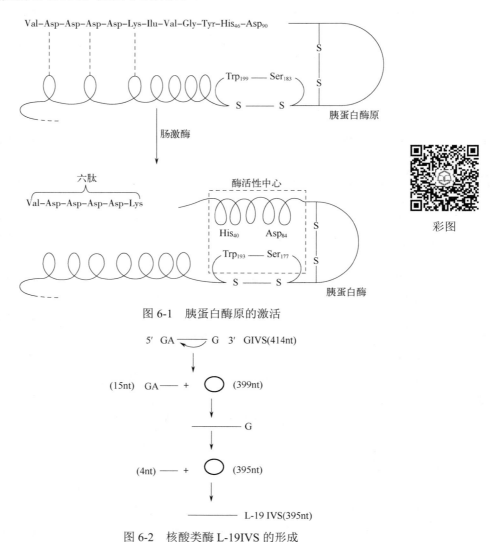

彩图

图 6-1　胰蛋白酶原的激活

图 6-2　核酸类酶 L-19IVS 的形成

6.1.2　组成单位置换的化学修饰

组成单位置换修饰可采用化学修饰方法，例如，Bender 等曾成功地利用化学修饰法将枯草芽孢杆菌蛋白酶活性中心的丝氨酸转换为半胱氨酸，使该酶失去对蛋白质和多肽的水解能力，获得了催化硝基苯酯等底物的水解活性。但是化学修饰法难度大、成本高、专一性差，而且要对酶分子逐个进行修饰，操作复杂，难以工业化生产。

6.1.3　组成单位的定点突变

定点突变（site-directed mutagenesis）是指在体外对酶基因序列中某个特定位点进行碱基的插入、删除或替换，进而引起单个或多个氨基酸发生改变的技术。通过定点突变，可以改变酶的催化活性、抗氧化性、热稳定性、底物特异性、别构效应等。通常情况下，定点突变的对象是结构和功能已知的酶。相比化学、自然等其他因素导致突变的方法，定点突变具有突变率高、操作简单、重复性较好的特点。

利用定点突变技术进行酶分子修饰主要包括以下步骤：

（1）突变位点及碱基的确定

进行定点突变前，首先要通过各种方法获取酶的结构与功能信息。方法包括利用晶体结构解析或计算机预测模型获得其三维结构，应用生物信息学、生物化学或生物物理学手段，确定酶促反应结合位点、酶催化的机制、酶的热稳定性等信息。在此基础上，根据研究目的确定新酶结构，进而确定需要改变的氨基酸和其对应的密码子，参考遗传密码表设计需要替换的碱基。

知识拓展

（2）扩增突变基因

利用设计软件（如 Primer3 或 SnapGene）生成含突变的寡核苷酸引物，用 DNA 合成仪合成引物后，采用聚合酶链反应（PCR）获得大量所需的突变基因。

知识拓展

（3）突变体的表达及功能验证

将突变基因克隆至适合的表达载体，在适当宿主中表达，纯化突变酶，通过实验验证酶活性、稳定性或底物特异性变化。

虽然定点突变修饰酶分子需要大量的酶结构、功能和机制等方面的信息，但依然是酶分子改造的重要手段。

延伸阅读

6.1.4　组成单位的随机突变与定向进化

酶定向进化是人为创造进化条件，模拟自然进化过程，在体外改造酶基因获得预期酶的技术。其过程是，先在体外对酶基因进行随机突变，然后在特定的条件下进行筛选，多次重复，从而获得人们所需的具有某些特征的酶。相比于自然进化，人工筛选取代了自然选择，缩短了酶分子性能进化周期，丰富了酶的底物谱和反应类型。此外，酶定向进化无

知识拓展

须了解酶的空间结构、保守位点和催化机制等信息，这在一定程度上可以弥补定点突变技术的不足。酶定向进化主要包括突变基因文库的构建和突变基因筛选两部分。

6.1.4.1　突变基因文库的构建

突变基因文库构建主要使用随机突变的方式，主要有易错 PCR、DNA 重排、基因家族重排等方法。

易错 PCR 是指，用 PCR 扩增目的基因时，通过使用低保真度的 *Taq* DNA 聚合酶或改变反应条件，如改变 dNTP 和 Mg^{2+} 的浓度、添加 Mn^{2+} 等，进而引起碱基以某一频率进行随机错配而引入突变。4 种 dNTP 浓度不平衡容易导致碱基的错误插入，进而提高错配的概率；Mg^{2+} 对 *Taq* DNA 聚合酶具有激活的效果，在体系中加入过量的 Mg^{2+}，有利于促进非互补的碱基对的稳定；Mn^{2+} 是很多 DNA 聚合酶的诱变因子，在反应体系中加入 Mn^{2+} 可以有效降低 DNA 聚合酶对模板识别的特异性，进而提高错配的概率。除此以外，提高 *Taq* DNA 聚合酶用量、增加循环的延伸时间或增加循环、降低起始模板浓度，也都会导致 PCR 产物发生突变。

DNA 重排则是将多种不同基因的正突变 DNA 用酶切割成随机片段，再经引物的多次 PCR 循环，使 DNA 的碱基序列重排而引起基因突变的过程（图 6-3）。DNA 重排可将多个已优化性质或功能的基因进行组合，从而提高有效突变的比例。基因家族重排与 DNA 重排的原理相似，主要区别是基因家族重排是从一组基因家族的同源基因出发而进行的重排。

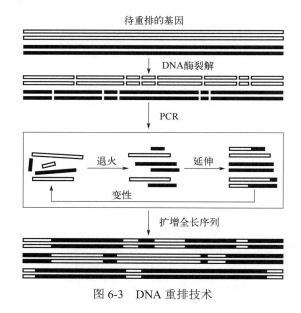

图 6-3　DNA 重排技术

6.1.4.2　突变基因的表达

突变基因文库构建好以后，需要将多样化的突变基因导入宿主细胞进行表达，获得多种不同变异的酶突变体，以便进一步筛选出具有所需功能特性的进化酶。最常用的宿主细胞是大肠杆菌，酵母则是真核表达系统的代表。

6.1.4.3　正突变酶的筛选

筛选与鉴定是酶定向进化中的关键步骤，主要通过功能测定或筛选从突变基因文库中找到具有最佳性能的突变酶。常见的筛选方法分为两类：①功能筛选，通过检测突变酶的催化能力、底物转化率、热稳定性、pH耐受性等性能来选择目标突变体。功能筛选通常需要设置与酶功能相关的检测系统，如荧光、比色或放射性标记反应，实时监测酶的活性。②选择性筛选，如果酶突变体带有某些选择标记（如抗生素抗性、报告基因），可以在宿主细胞群体中筛选出带有突变基因的个体。这种方法常常用于大肠杆菌或酵母等表达系统。

以下是酶的定向进化中常用的一些筛选方法：

（1）平板筛选法　将含突变基因的重组细胞涂布在平板上，在一定的条件下进行培养，根据重组细胞所表现的特征进行突变基因的筛选。例如，可以在较高的温度、特殊的pH值、有毒的化合物或抗生素等极端条件下观察细胞生长情况，生长情况良好的细胞则含有极端环境耐受性的突变基因。此外，还可以设计被催化后可变色或者产生荧光的底物，在平板上涂布后进行重组细胞的培养，观察底物变色情况或产生荧光的强弱，筛选导致底物颜色加深或变色或者导致荧光强度增加的重组细胞。

（2）荧光筛选法　通常，这种筛选法将具有荧光激发特性的物质作为报告基因，与突变基因一同克隆到载体中，形成重组细胞。在突变基因表达的同时，报告基因也被表达出来，由于报告基因的表达产物能够激发荧光，通过检测荧光的生成情况，能够确定在重组细胞中表达的突变基因，并排除那些无法表达的无效突变基因。

（3）噬菌体表面展示法　这是一种强大的分子生物学技术，可将外来蛋白质或多肽展示在噬菌体表面。噬菌体是一种感染细菌的病毒，由围绕其遗传物质的蛋白衣壳组成。噬菌体表面展示的目的是设计这些病毒，使其表面能表达和展示外来肽或蛋白质。噬菌体表面展示法的原理和步骤如下。①噬菌体的选择：由于丝状噬菌体（如M13和fd）能够产生稳定的功能性衣壳蛋白，常用于表面展示。这些噬菌体通过附着在细菌表面的特定

知识拓展

受体上感染细菌。②构建载体：将编码要展示的蛋白质或多肽的外来基因与噬菌体上编码衣壳蛋白的基因融合。这种融合产生的重组基因将以融合蛋白的形式表达。③创建文库：为了创建一个多样化的显示蛋白或肽库，需要生成一系列重组噬菌体。通常的做法是在噬菌体基因组中引入不同的基因（代表不同的蛋白质或肽变体）。噬菌体库中的每种噬菌体都会在其表面显示不同的蛋白质或多肽。④感染细菌：用重组噬菌体库感染细菌细胞。在感染过程中，噬菌体会复制其遗传物质并产生新的噬菌体颗粒。重要的是，外来蛋白质或肽会显示在这些新噬菌体颗粒的表面。⑤选择和富集：噬菌体展示的主要特点是能够选择性地富集展示具有特定性质蛋白质的噬菌体。这通常是通过将噬菌体库暴露于感兴趣的靶标（如抗体或受体）来实现的。显示与靶标结合的蛋白质的噬菌体会被保留下来，而不结合的噬菌体则会被洗掉。筛选出的噬菌体富含与目标结合的能力，然后进行分离和扩增。这一过程可通过多轮选择重复进行，以进一步提高显示蛋白对目标的亲和力和特异性。最后对分离出的噬菌体进行分析，以确定展示蛋白的基因序列。

通过噬菌体表面展示法可以从突变基因文库中将能够表达出与噬菌体外膜蛋白相结合的蛋白质基因进行富集，筛选获得有效基因，而排除大量的无效基因。

（4）酵母细胞表面展示法　该法是通过可以锚定在酵母细胞表面的特定蛋白质（凝集素蛋白）与某些外源蛋白或多肽形成稳定的复合物，使这些外源蛋白或多肽富集在酵母细胞表面的一种分子展示技术。

凝集素蛋白与外源蛋白的结合与荧光筛选法相似，也是通过基因重组技术生成凝集素蛋

白与外源蛋白的融合蛋白，再通过凝集素蛋白的锚定作用而展示在酵母细胞表面。酵母细胞表面展示有两种方法。一种方法是将目的蛋白作为 N 端与 α 凝集素蛋白的 C 端部分融合形成融合蛋白，目的蛋白经过 α 凝集素展示于酵母细胞表面。α 凝集素共价连接到酵母细胞壁的葡聚糖上，其锚定能力由凝集素蛋白 C 端的 320 个氨基酸决定。另外一种方法则是将目的蛋白作为 C 端与 α 凝集素的 N 端融合，α 凝集素再与酵母细胞壁的葡聚糖共价连接进行展示。

酵母细胞表面展示法可以用来筛选在突变基因文库中能够与凝集素蛋白形成融合蛋白的目标蛋白基因，而排除无效基因。

6.1.4.4　迭代循环

选出最优酶突变体后，分离其基因，以此为模板，重复突变和筛选过程，不断优化酶性能，最终得到符合目标的进化酶。

6.2　酶的侧链修饰

酶的侧链基团是指构成蛋白质的氨基酸残基上（或者组成 RNA 的核酸残基上）的功能团，蛋白类酶的侧链基团主要包括氨基、羧基、巯基、胍基、酚基、咪唑基、吲哚基等，核酸类酶的侧链基团较少，主要是核糖 2′位置上的羟基和嘌呤、嘧啶碱基上的氨基和羟基（酮基）。这些基团可以形成各种副键，对酶蛋白空间结构的形成和稳定有重要作用，侧链基团一旦改变将引起酶蛋白空间构象的改变，从而改变酶的特性和功能。

通过对酶的侧链基团进行修饰，改变酶的特性和功能，称为酶的侧链基团修饰。侧链基团修饰一般采用化学修饰法，但因蛋白类酶和核酸类酶的侧链基团不同，酶分子侧链基团的修饰方法也有所区别。由于核酸类酶的发现历史较短，对核酸类酶的侧链基团修饰研究较少。不过，已确定其分子上的氨基和羟基经过修饰后也会引起核酸类酶的结构改变，从而引起酶的特性和功能的改变。如将一部分 2′-OH 去除，就可以获得含有一部分脱氧核苷酸的核酸类酶，可能使核酸类酶的稳定性提高。

蛋白类酶的侧链基团可以采用各种小分子修饰剂进行修饰，也可以采用可溶性大分子结合修饰，甚至可以采用具有双功能团的化合物进行交联修饰。下面主要讲述蛋白类酶的侧链修饰方法。

6.2.1　侧链的小分子修饰

20 世纪 50 年代末期，化学修饰酶作为当时生物化学领域的研究热点，主要用来研究酶的结构与功能的关系。它能在理论上为酶的结构与功能关系的研究提供实验依据，如酶的活性中心的存在就能够通过酶的化学修饰来进行证实。为了考察酶分子中氨基酸残基的各种不同状态并确定哪些残基处于活性部位且是酶分子的特定功能所必需，研制出了多种小分子化学修饰剂，以进行多种类型的化学修饰。

侧链的小分子修饰就是指用小分子修饰剂对蛋白类酶的氨基、羧基、巯基、胍基、酚基、咪唑基、吲哚基等侧链基团进行修饰。该类修饰主要用于研究酶的空间构象、确定氨基酸残基的功能和测定酶分子中某种氨基酸的数量等酶学方面的研究。用于提高酶的活性或稳定性的侧链基团修饰主要发生在氨基和羟基（酚羟基）上，也有少数修饰发生在甲硫基和羧基上，下面进行简单介绍。

6.2.1.1 氨基修饰

用亚硝酸、O-甲基异脲等氨基修饰剂作用于酶分子侧链上的氨基，可以产生脱氨基作用或与氨基共价结合将氨基屏蔽起来，使氨基原有的副键改变，从而改变酶蛋白的空间构象。亚硝酸可以与氨基酸残基上的氨基反应，通过脱氨基作用，生成羟基酸。例如，用亚硝酸修饰天冬酰胺酶，使其氨基端的亮氨酸和肽链中的赖氨酸残基上的氨基产生脱氨基作用，变成羟基。经过修饰后，酶的稳定性大大提高，在体内的半衰期延长 2 倍。

$$R-\underset{\underset{NH_2}{|}}{CH}-COOH + HNO_2 \Longrightarrow R-\underset{\underset{OH}{|}}{CH}-COOH + N_2 + H_2O$$

用 O-甲基异脲修饰溶菌酶，使酶分子中的赖氨酸残基上的氨基与它结合，将氨基屏蔽起来。修饰后，酶活力基本不变，但稳定性显著增强，而且很容易形成结晶。

$$E\text{-}NH_2 + O\text{-}甲基异脲 \longrightarrow E\text{-}NH\text{-}甲基异脲衍生物$$

6.2.1.2 羟基修饰

羟基包括苏氨酸和丝氨酸残基上的羟基以及苯环上的酚羟基。除了某些专一修饰酚羟基的修饰剂外，一般的羟基修饰剂对这两类羟基均可修饰。羟基修饰的方法主要有碘化法、硝化法、琥珀酰化法等。

经过羟基修饰，可以改变酶的某些动力学性质、提高酶的催化活性、增强酶的稳定。例如，枯草杆菌蛋白酶的第 104 位酪氨酸残基上的酚羟基经四硝基甲烷硝化修饰后，生成 3-硝基酪氨酸残基，由于负电荷的引入，酶对带正电荷的底物的结合力显著增加；葡糖异构酶经过琥珀酰化修饰后，其最适 pH 下降 0.5，并且酶的稳定性增加，更加有利于果葡糖浆和果糖的生产。

6.2.1.3 甲硫基修饰

甲硫基残基极性较弱，在温和条件下，很难选择性修饰。但由于硫醚的硫原子具有亲核性，可以用过氧化氢等氧化剂进行氧化。如三氯甲磺酸（一种氧化剂）修饰 α-蛋白酶分子上的甲硫基，使得酶在 pH 7～9.1 范围可保持活性构象的稳定，其修饰反应如下：

$$Cl_3C-\underset{\underset{O}{\|}}{\overset{\overset{O}{\|}}{S}}-Cl + H_3C-S-(CH_2)_2-\boxed{酶} + H_2O \xrightarrow[10min]{pH3.5} CCl_3SO_2^- + Cl^- + H_3C-\underset{\underset{O}{\|}}{\overset{\overset{O}{\|}}{S}}-(CH_2)_2-\boxed{酶}\ (修饰酶)$$

6.2.1.4 羧基修饰

羧基是一个不太活泼的功能基团，修饰的方法非常有限。但已有研究发现，氨基葡糖共价结合核糖核酸酶 A 的羧基后，虽然其酶活性有所降低（只有未修饰酶的 80%），但热稳定性得到了提高。核糖核酸酶与氨基葡糖的交联反应如下：

EDC：1-(3-二甲氨基丙基)-3-乙基碳二亚胺盐酸盐

6.2.2 侧链的大分子修饰

20 世纪 70 年代末开始，使用天然或合成的水溶性大分子修饰酶的报道越来越多。采用水溶性大分子与酶蛋白的侧链基团共价结合，使酶分子的空间构象发生改变，从而改变酶的特性与功能的方法称为大分子结合修饰。大分子结合修饰是目前应用最广泛的酶分子化学修饰方法。常用的水溶性大分子有聚乙二醇（PEG）、右旋糖蔗糖聚合物（Ficoll）、葡聚糖、环状糊精、肝素、羧甲基纤维素、聚氨基酸等。这些惰性大分子需要先进行活化，然后在一定条件下与酶分子的侧链基团结合，完成对酶分子的修饰。

6.2.2.1 聚乙二醇（PEG）修饰酶

在众多的大分子修饰剂中，应用最为广泛的是分子量为 1000～10000 的 PEG。它溶解度高，既能够溶解于水，又能够溶于大多数有机溶剂；体内不残留，无毒性和抗原性；生物相容性好，已经通过美国 FDA 认证。PEG 分子末端具有两个可以被活化的羟基，可以通过甲氧基化将其中一个羟基屏蔽起来，成为只有一个可被活化羟基的单甲氧基聚乙二醇（MPEG）。MPEG 是一种比 PEG 更好的修饰剂。

可以采用多种不同的试剂对 PEG 进行活化，制成可以在不同条件下对酶分子上不同基团进行修饰的聚乙二醇衍生物。活化 PEG 的方法有三氯均三嗪法和叠氮法。三氯均三嗪法活化PEG 进行酶修饰的反应步骤如下：

① 活化 PEG

② 修饰酶

叠氮法是将 PEG 分子末端羟基转化成叠氮基，再与酶反应：

$$PEG{-}OH \longrightarrow PEG{-}ONa \longrightarrow PEG{-}OCH_2CON_3$$

$$PEG{-}OCH_2CON_3 + H_2N{-}酶 \longrightarrow PEG{-}OCH_2CONH{-}酶 + N_2 + H^+$$

6.2.2.2 糖肽

糖肽上的氨基经活化后能与酶分子上的氨基反应而产生共价结合。活化糖肽有异氰酸法和戊二醛法，以下是戊二醛法获得的修饰酶。

6.2.2.3　右旋糖酐

右旋糖酐是由葡萄糖通过 α-1,6-糖苷键形成的高分子多糖，具有较好的水溶性和生物相容性。右旋糖酐活化的方法有溴化氰法和高碘酸氧化法。前者通过溴化氰使多糖分子上相邻双羟基活化，然后在碱性条件下与酶分子上氨基反应；后者通过高碘酸氧化右旋糖酐中的临双羟基结构而将葡萄糖环打开，形成高活性的醛基，进一步与酶分子上的氨基反应，使右旋糖酐与酶通过共价键结合，实现对酶的修饰，如下：

6.2.3　分子内交联修饰

利用双功能或多功能交联剂（如戊二醛、己二胺、葡聚糖二乙醛等）对酶分子中相距较近的两个侧链基团进行共价交联，从而提高酶的稳定性的修饰方法称为分子内交联修饰。酶分子交联剂的种类繁多，不同的交联剂具有不同的分子长度，其交联基团、交联速度和交联效果也有所差别。戊二醛是最常用的交联剂。

20 世纪 90 年代，酶结晶技术与化学交联技术相结合，制备出了一种新型实用的交联酶晶体。交联酶晶体制备主要包括两个步骤：酶的分批结晶及保持酶活性和酶晶体的晶格不被破坏的化学交联。交联酶晶体能够在保持较高的酶活性基础上显著提高酶的稳定性，如下：

6.3　酶的金属离子置换修饰

有些酶含有金属离子，如过氧化氢酶中含有亚铁离子（Fe^{2+}），超氧化物歧化酶中含铜离子（Cu^{2+}）、锌离子（Zn^{2+}）。金属离子往往是酶活性中心的组成部分，对酶的催化功能具有重要作用。把酶的金属离子置换成另一种金属离子，酶的特性和功能发生改变的修饰方法称为金属离子置换修饰。置换修饰的一般都是二价金属离子，如 Cu^{2+}、Ca^{2+}、Mg^{2+}、Zn^{2+}、Mn^{2+}、Co^{2+}、Fe^{2+}等。

进行金属离子置换修饰时，首先向酶液中加入一定量的乙二胺四乙酸（EDTA）等金属螯合剂，使酶中的金属离子与螯合剂形成复合物。然后通过超滤、分子筛层析等方法，将EDTA-金属螯合物从酶液中除去，酶此时会成为无活性状态。再往酶液中加入其他金属离子，酶与新加入的金属离子结合，呈现出新的特性。有可能使酶的活性降低甚至丧失，也有可能使酶的活性提高或者增加酶的稳定性。

通过金属离子置换修饰，可以了解各种金属离子在酶催化过程中的作用，有利于阐明酶的催化作用机制，并有可能提高酶的催化效率，增强酶的稳定性，甚至改变酶的某些动力学性质。

6.4　仅改变酶空间构象的物理修饰

通过高压、真空、失重、变性等各种物理方法，仅使酶分子的空间构象发生某些改变，从而改变酶的催化特性的方法称为酶分子的物理修饰。其特点是不改变酶的组成单位，不改变酶的共价键，仅使副键发生某些变化和重排，使酶分子的空间构象发生改变。

可以用变性剂处理酶，先使酶分子原有的空间构象破坏，然后在不同的条件下，使酶分子重新构建新的空间构象，以提高其稳定性或酶活性。例如，先用盐酸胍破坏胰蛋白酶的原有空间构象，通过超滤、凝胶层析除去变性剂后，再在 50℃的条件下重新构建的酶，其稳定性比天然酶提高 5 倍（20℃的条件下重新构建的胰蛋白酶活性基本不变）。

高压处理也能提高酶的催化性能。例如，羧肽酶 γ 经过高压处理，其底物特异性改变，水解能力降低，更有利于催化多肽合成；在 30～40℃的条件下，高压修饰的纤维素酶比天然酶的活力提高 10%。

6.5　酶分子修饰的作用

酶分子修饰可以提高酶活力、改进酶的稳定性、消除酶的抗原性、甚至改变酶的特异性、改变催化反应的类型、增加新的催化功能。

（1）提高酶活性

多种酶分子修饰方法均可提高酶的活性。如主链切断和组成单位置换后，酶的空间结构发生改变，有利于活性中心与底物结合并形成正确的催化部位，从而显示出酶的催化活性或提高酶活力。对不显示酶催化活性的酶原进行肽链（或核苷酸链）的剪切修饰，是酶原生理调控常用的方法。如将酪氨酸-RNA合成酶第51位的苏氨酸置换成脯氨酸，修饰后的酶对ATP的亲和性提高近100倍，酶的催化效率提高25倍。蛋白酶中的222位甲硫氨酸置换成丙氨酸后，其抗氧化性大大提高，解决了它在洗衣粉中易被漂白剂氧化失活的问题。

水溶性大分子侧链修饰也可使酶活性提高。例如，每分子核糖核酸酶与6.5分子的右旋糖酐结合，可以使酶活性提高到原有酶的2.25倍；每分子胰凝乳蛋白酶与11分子右旋糖酐结合，酶活达到原有酶的5.1倍；硬脂酸修饰的脂肪酶比未修饰的脂肪酶在正己烷中催化的能力有所提高，而且在两相界面催化橄榄油水解的效能也有提高，推测原因，可能是脂肪酶经过具有亲脂性的硬脂酸修饰后，提高了酶的亲脂性，降低了水溶液的表面张力，从而使酶更易与其底物接触来发挥水解作用。

有些酶通过金属离子置换提高其催化效率。例如，将天然α-淀粉酶中的镁离子或锌离子等杂离子去掉，换成钙离子，则可以提高酶的催化效率并显著增强酶的稳定性。与一般结晶的杂离子型α-淀粉酶相比，结晶的钙型α-淀粉酶的催化效率提高3倍以上；将锌型蛋白酶的锌离子置换成钙离子，酶的催化效率可以提高20%～30%。因此，在α-淀粉酶和蛋白酶的生产保存和应用过程中，常添加一定量的钙离子，有利于提高和稳定α-淀粉酶的活性。

（2）降低或消除抗原性

大多数酶是从微生物、植物或动物中获得的，对人体来说是一种异源蛋白质。异源酶蛋白进入人体后，就会诱发机体产生抗体，当这种酶再次进入体内时，产生的抗体就可与作为抗原的酶结合，使酶失去治疗作用。降低或消除医用酶的抗原性是酶分子修饰的重要目的之一。

酶蛋白的抗原性与其分子大小有关，利用肽链剪切可使酶的分子量减小，从而使其基本保持酶活力的同时降低抗原性。例如，木瓜蛋白酶用亮氨酸氨肽酶切去其肽链的三分之二，该酶的活力基本保持，其抗原性却大大降低；又如酵母的烯醇化酶切去一段150个氨基酸残基组成的肽段后，酶活力仍然可以保持，而抗原性却显著降低。

此外，抗体与抗原的特异结合是由它们之间特定的分子结构所引起的。通过酶分子修饰，可以使酶蛋白的结构发生改变；同时，大分子修饰剂还能遮盖抗原决定簇，阻碍抗原、抗体反应，从而大大降低甚至消除酶的抗原性。例如，具有抗癌作用的精氨酸酶经聚乙二醇结合修饰，生成聚乙二醇-精氨酸酶后其抗原性被消除；对白血病有显著疗效的L-天冬酰胺酶经聚乙二醇修饰后，抗原性显著降低，已于1994年得到美国FDA批准，正式作为治疗急性淋巴性白血病的药物使用。除PEG外，另一种常用的消除抗原性的大分子修饰剂是人血清白蛋白。

（3）提高酶的稳定性

酶的空间构象决定了酶的特性和功能。为了增强酶的稳定性，必须想方设法使酶的空间结构更为稳定，特别是要使酶活性中心的构象得到保护。酶化学修饰正是基于上述观点，从增强酶天然构象的稳定性着手来提高酶的稳定性。

酶化学修饰产生的交联作用，能够在尽量降低交联作用对酶活性影响的同时，使酶的天然构象产生更强的"刚性"，从而增强酶的热稳定性。如分子内交联修饰剂与酶形成多点交联，相对固定酶的分子构象，增强酶的稳定性。如采用葡聚糖二乙醛对青霉素酰化酶进行分子内交联修饰，可以使该酶在 55℃ 条件下的半衰期延长 9 倍。利用戊二醛或蔗糖二乙醛单体或多聚体交联的丝氨酸酶的最适温度由 45℃ 升至 76℃，而且其解链温度 T_m 也升高了 22℃。

大分子修饰剂与酶结合后，虽不能改变其构象的稳定性，但可在酶分子的周围形成"保护壳"，阻止了外界 pH 变化、有机溶剂、蛋白水解酶和抑制剂等不利因素的影响，也能有效增强酶的稳定性，特别是在医药用酶体内半衰期的延长上效果明显。天然酶和修饰酶半衰期的比较见表 6-1。

表 6-1   天然酶和修饰酶的半衰期比较

酶	修饰剂	半衰期	
		天然酶	修饰酶
羧肽酶 G	右旋糖苷	3.5h	17h
精氨酸酶	右旋糖苷	1.4h	12h
谷氨酰胺酶	糖肽	1h	8.2h
尿酸酶	白蛋白	4h	20h
α-葡糖苷酶	白蛋白	10min	3h
尿激酶	白蛋白	20min	1.5h
精氨酸酶	PEG	1h	12h
腺苷脱氨酶	PEG	0.5h	28h
L-天冬酰胺酶	PEG	2h	24h
SOD	白蛋白	6min	4h
SOD	右旋糖酐	6min	7h
SOD	低分子量 Ficoll	6min	14h
SOD	高分子量 Ficoll	6min	24h
SOD	PEG	6min	35h

此外，组成单位置换修饰和金属离子置换修饰也均能增强酶的稳定性。如将 T4 溶菌酶分子中第 3 位的异亮氨酸置换成半胱氨酸后，该半胱酸可以与第 97 位的半胱氨酸形成二硫键，造成置换修饰后的 T4 溶菌酶热稳定性大大提高。将铁型超氧化物歧化酶（Fe-SOD）分子中的铁离子置换成锰离子后，得到的锰型超氧化物歧化酶（Mn-SOD）对过氧化氢的稳定性显著增强，对叠氮化钠的敏感性显著降低。

（4）使酶更易被细胞摄入

一些酶经化学修饰后，可以更快地到达目的细胞。例如，Pompe 病主要是由糖原储积于肝细胞的二级溶酶体所造成的，因此在用 α-葡糖苷酶进行治疗时，希望酶尽快到达肝细胞，以免受到吞噬细胞的破坏。由于肝细胞上具有特异性的白蛋白受体，用白蛋白对葡糖苷酶进行修饰后，该酶被肝细胞的摄入比例明显增加。此外，辣根过氧化物酶用聚赖氨酸修饰后，细胞的摄入量是天然酶的 80 倍。分析原因，可能是聚赖氨酸增加了酶分子上的正电荷，增强了辣根过氧化物酶穿透细胞膜的能力。

（5）改变酶的动力学特性

有时，酶分子修饰还可改变酶的底物亲和力（米氏常数）、底物特异性和最适 pH 等。例如，将枯草杆菌蛋白酶活性中心上的丝氨酸置换成半胱氨酸后，酶对蛋白质和多肽的水解活性消失，而出现了催化硝基苯酯等底物的水解活性；酰基化氨基酸水解酶的活性中心的锌离子置换成钴离子后，其催化 N-氯-乙丙氨酸水解的最适 pH 从 8.5 降低至 7.0，同时该酶对 N-氯-乙酰甲硫氨酸的米氏常数 K_m 增大，亲和力降低。

思考：酶分子修饰能解决酶的稳定性差、具有抗原性等问题，能解决酶的一次性使用、成本高的问题吗？又有什么技术能解决这个问题呢？

产出评价

自主学习

血红蛋白除具备经典的携氧功能外，还展现出过氧化物酶活性，且与辣根过氧化物酶相比，具有更广谱的底物特异性，在废水处理等场景中具备潜在应用优势。然而，其天然酶活性较低、稳定性不足，限制了实际应用。为开发低成本的过氧化物酶替代品，需通过分子修饰或改造手段提升其催化性能。请分析可采用的修饰/改造方法，并设计相应技术路线，阐明关键原理与操作要点。

单元测试

单元测试题目

7 酶的固定化

知识目标： 理解固定化酶的含义、优缺点，掌握酶固定化技术的原理及方法，了解固定化
酶的应用。

能力目标： 能对不同的固定化酶进行活力测定；能根据固定化酶应用工艺条件选择合适的
固定化方法；能对酶固定化技术进行有效的评价。

素质目标： 体会技术进步对产业发展的促进作用及其经济、社会效益。

越来越多的酶在工业生产过程中被用作催化剂，但当酶以游离态形式参与催化反应时，存在以下几个缺陷：①酶的稳定性较差；②酶参与催化反应后，难以分离出来再次利用，即一次性使用，造成酶的浪费与生产成本的提高；③酶难以从反应体系中分离出来也对产物的分离纯化造成一定的影响。这些缺陷大大限制了酶在工业催化中的应用。

基于以上原因，人们希望能将酶束缚于一定的空间范围内，使其作为固定相催化可溶性底物。1916 年，Nelson 和 Griffin 最先发现了酶的固定化现象，发现蔗糖酶能被骨炭粉末吸附并在吸附状态下仍具有催化活性。但是，有目的地将酶固定在载体上制备固定化酶，是从 20 世纪 50 年代开始的。1953 年，德国的 Grubhofer 和 Schleith 采用聚氨基苯乙烯树脂作为载体，经过重氮法活化后，分别与羧肽酶、淀粉酶、胃蛋白酶、核糖核酸酶等结合，成功制成了固定化酶。1969 年，千畑一郎等将氨基酰化酶固定，实现了固定化酶的首例工业化应用。他们利用该固定化酶在连续反应中拆分外消旋 DL-氨基酸，生产 L-氨基酸，使生产成本降低至原来的 60%。这一成果实现了酶应用史上的一次重大变革，也展现了固定化酶广阔的应用前景。

固定化酶是利用物理或化学方法处理水溶性的酶使其不再溶于水或固定在固相载体上，仍具有酶活性、能反复和连续使用的酶。研究表明，以批量方式应用时，固定化酶至少可反复使用 10～15 次，某些情况下甚至可达 100 次以上；以连续方式应用时，也可使用大致相同的时间。

7.1 固定化酶的优缺点

固定化酶与游离酶相比有以下优点：①极易将固定化酶与底物和产物分开；②可以在较长时间内进行反复（分批反应时）或连续使用；③酶的稳定性高；④酶反应过程能够加以严格控制；⑤简化了产物提纯工艺，增加产物的收率，提高产物的质量；⑥较游离酶更适合多

酶反应。

　　固定化酶的缺点：①固定化时酶活力有损失；②增加了初始投资；③只能用于可溶性底物，而且较适用于小分子底物，对大分子底物不适用。

7.2　酶固定化方法

　　酶的固定化技术包括物理法和化学法两大类。物理法包括物理吸附法和包埋法等。物理法固定化酶的优点在于不存在化学反应，不对酶的高级结构产生影响，酶的活性会得到很好的保留。但是，由于酶包埋在一定空间内，在固定化酶发挥催化作用时，存在一定的空间立体位阻作用，因此，对于某些大分子底物不适用。化学法包括结合法和交联法，是将酶通过共价键连接到高分子固相载体上，形成不溶性固定化酶的方法。

7.2.1　吸附法

　　利用各种吸附剂将酶或含酶菌体吸附在其表面上而使酶固定的方法叫作吸附法。吸附法主要是利用范德华力和氢键、疏水相互作用和离子键等将酶固定在载体上。根据酶与载体之间的结合力的不同，又可将吸附法分为物理吸附和离子吸附法。物理吸附法使用的载体主要是高吸附能力的非水溶性材料，如硅藻土、多孔玻璃、硅胶、氧化铝和大孔吸附树脂等。离子吸附法是在适宜的 pH 和离子强度下，利用酶的侧链解离基团和离子交换基团的互相作用达到固定化的方法。常用的交换剂有：①阴离子交换剂，如二乙基氨基乙基（DEAE）-纤维素、混合胺类（ECTEDLA）-纤维素、四乙氨基乙基（TEAE）-纤维素、DEAE-葡聚糖凝胶、Amberlite IRA-93 等；②阳离子交换剂，如羧甲基（CM）-纤维素、纤维素柠檬酸盐、Amberlite CG50 等。1969 年，最早应用于工业生产的固定化氨基酰化酶就是使用多糖类阴离子交换剂 DEAE-Sephadex A-25 固定化制得的。

　　吸附法固定化酶的优点在于工艺简单，操作条件温和，不易破坏酶的高级结构，酶活力回收高，可选择的载体材料范围广且廉价易得，但是缺点是此方法固定的酶与载体之间的结合力较弱，从而使得酶分子容易从载体上脱落。离子结合吸附法容易受到缓冲液种类或 pH 的影响，在离子强度高的条件下进行反应时，酶容易从载体上脱落下来（图 7-1）。表 7-1 所列为几种吸附法固定化酶。

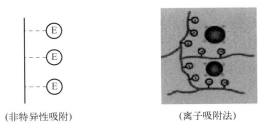

（非特异性吸附）　　　　　　（离子吸附法）

图 7-1　酶的吸附示意图

表 7-1　吸附法固定化酶举例

载体	固定化酶
活性炭	α-淀粉酶、β-淀粉酶、蔗糖转化酶
多孔玻璃	核糖核酸酶、木瓜蛋白酶、脂肪酶、葡萄糖氧化酶
氧化铝	葡萄糖氧化酶
滑石粉	蛋白酶、脂肪酶、过氧化物酶
二氧化硅	木瓜蛋白酶
硅藻土	α-胰凝乳蛋白酶
硅胶	磷酸化酶
微孔陶瓷 MCM-41	青霉素 G 酰基转移酶
DEAE 离子交换剂	氨基酰化酶

7.2.2　包埋法

　　包埋法是将酶包埋在高聚物的细微凝胶网格中或高分子半透膜内的固定化方法。包埋法制备的固定化酶可防止酶渗出，底物需要渗入凝胶孔隙或半透膜内与酶接触。包埋法主要有以下几种类型：凝胶包埋法和微囊化法（半透膜包埋法），如图 7-2 所示。

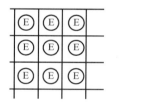

凝胶包埋法(网格型)　　　　微囊化法(微胶囊型)

图 7-2　酶的包埋示意图

7.2.2.1　凝胶包埋法

　　凝胶包埋法是将酶包埋在细微凝胶网格中的固定化方法，常用的载体材料有海藻酸钙凝胶、琼脂糖凝胶、卡拉胶、明胶以及聚丙烯酰胺等，其中最常用的是海藻酸钙凝胶。

7.2.2.1.1　海藻酸钙包埋法

　　海藻酸钠是一种多糖天然水溶性高分子，已成为最常用的酶固定化载体之一。海藻酸钠在 Ca^{2+}、Ba^{2+}等二价金属离子的引发下即可形成凝胶，其中海藻酸钙凝胶的应用最为广泛。将酶液与海藻酸钠溶液混匀后，用注射器等器具将此混合物滴入氯化钙溶液中，得到白色小珠，分离并洗涤小珠，即得到海藻酸钙包埋的固定化酶（图 7-3）。海藻酸钙凝胶固定化酶具有非常明显的优点，如生物相容性好、无毒、制备过程简单、价格便宜、便于控制凝胶化过程等。同时海藻酸钙包

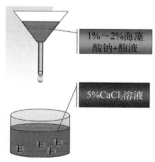

1%～2%海藻酸钠+酶液

5%CaCl₂溶液

图 7-3　海藻酸钠包埋示意图

埋法也存在不足之处：①海藻酸凝胶结构松散，并且网络孔径较大，分布范围广，在 5～200nm 之间。较大的孔径虽然有利于底物在载体中的扩散，但同样导致了酶分子的泄漏。②在海藻酸的凝胶化过程中，水分子在海藻酸网络中快速传递，容易将海藻酸网络中的酶带走，从而造成酶泄漏。③海藻酸容易发生溶胀，加剧了酶分子的泄漏，同时也降低了凝胶的机械强度，不利于固定化酶的重复使用。

7.2.2.1.2　聚丙烯酰胺凝胶包埋

首先将丙烯酰胺单体、交联剂（如 N,N-亚甲基双丙烯酰胺）和酶液混合，然后加入催化剂（四甲基乙二胺和过硫酸铵），使之发生聚合反应，结果形成高聚物聚丙烯酰胺凝胶网络结构将酶分子包埋起来，从而制备得到固定化酶。此方法制备得到的固定化酶有以下特点：此凝胶的机械强度高，在包埋的同时，有可能使酶分子共价偶联到高聚物上。缺点是酶分子容易漏失，低分子量蛋白质漏失更严重，通过调整交联剂的浓度与交联程度可以在一定程度上解决此问题。

知识拓展

7.2.2.2　微囊包埋法

微囊包埋法是将酶分子包埋于高分子半透膜制成的小囊内，也称为半透膜包埋法。常用的半透膜材料有聚酰胺膜、火棉胶膜、硝化纤维素和聚苯乙烯等。微囊包埋固定化酶的特点有：微囊直径为几微米到几百微米，低分子底物可以自由通过并进入微囊内，与酶反应后的生成物可以被排除

知识拓展

在微囊外，酶本身是高分子物质不能通过微囊而被留在微囊中。微囊半透膜的孔径为几埃至几十埃，比酶分子的直径小，适用于底物和产物都是小分子的酶的包埋。目前应用此方法包埋的蛋白酶有脲酶、过氧化氢酶和尿酸氧化酶等。制备方法有界面沉淀法、界面聚合法、脂质体包埋法和二级乳化法。

7.2.3　共价结合法

共价结合法是通过酶蛋白分子上的功能基团（酶的非活性必需侧链基团）和固相支持物表面上的反应基团之间形成共价键将酶固定在支持物上的固定化方法，是目前酶固定化技术研究的活跃方向。酶分子中最常用的偶联功能基团有：酶蛋白 N 端的—NH₂（氨基，如 Lys 残基的 ε-氨基），酶蛋白 C 端的—COOH（羧基，如 Glu 残基的 γ-羧基），Cys 残基的—SH（巯基），Ser、Tyr 和 Thr 残基的—OH（羟基），Tyr 残基上的酚羟基，His 残基中的咪唑基和 Trp 残基中的吲哚基等。这些参与形成共价键的基团不能出现在维持酶分子空间结构所必需的残基上，否则固定化后酶的活力往往会丧失。

常用于共价结合法固定化酶的载体主要有：纤维素、琼脂糖凝胶、葡聚糖凝胶、甲壳素、氨基酸共聚物、甲基丙烯醇共聚物等。

共价结合法固定化酶的一般过程为：载体→活化→活化载体基团与酶分子功能基团发生共价键结合。载体的活化是指在载体上引入一些活泼基团，这些活泼基团可以与酶中氨基酸残基发生共价反应。常见的活泼基团衍生物有：重氮盐衍生物、叠氮衍生物、亚氨基碳酸衍生物以及含有卤素基团的活化衍生物。载体活化的方法主要有：重氮法、叠氮法、溴化氰法和烷基化法。

7.2.3.1 重氮法共价固定酶

将含有苯氨基的不溶性载体与亚硝酸反应生成重氮盐衍生物，使载体引进了活泼的重氮基团。活泼基团重氮基可以与酶分子中的游离氨基、酪氨酸的酚羟基或组氨酸的咪唑基发生偶联反应，从而达到共价固定化酶的目的。很多酶，尤其是酪氨酸含量较高的木瓜蛋白酶、脲酶、葡萄糖氧化酶、碱性磷酸酶等能与多种重氮化载体发生共价连接，获得活性较高的固定化酶。目前在我国国内用得比较多的载体是对氨基苯磺酰乙基（ABSE）纤维素、琼脂糖、葡聚糖凝胶和琼脂等。我国第一个用重氮法共价固定化的酶是由中国科学院上海生化研究所袁中一发明的 5'-磷酸二酯酶的固定化，此酶用来降解核酸，分离得到四个 5'-单核苷酸，在工业生产中得到了很好的应用，并荣获了国家发明三等奖。

制备反应过程：含苯氨基（ph-NH$_2$）的不溶性载体首先在稀盐酸和亚硝酸钠中进行重氮反应，然后再在温和条件下和酶分子上相应的基团进行偶联反应。反应式如下：

$$O-\underset{R}{\overset{H_2}{C}}-\text{⟨苯环⟩}-NH_2 + HNO_2 \longrightarrow O-\underset{R}{\overset{H_2}{C}}-\text{⟨苯环⟩}-N_2^+ + H_2O$$

（对氨基苯甲基纤维素）   （苯甲基纤维素的重氮衍生物）

$$O-\underset{R}{\overset{H_2}{C}}-\text{⟨苯环⟩}-N_2^+ + E \longrightarrow O-\underset{R}{\overset{H_2}{C}}-\text{⟨苯环⟩}-N\overset{N-E}{=}$$

（苯甲基纤维素的重氮衍生物）（酶）   （固定化酶）

7.2.3.2 叠氮法共价固定酶

含有羧基的载体，与肼基作用生成含有酰肼基团的载体，再与亚硝酸活化，生成叠氮化合物。最后与酶蛋白的氨基、羟基和巯基等偶联，从而达到共价固定化酶的目的。羧甲基纤维素固定化酶的制备过程如下：

① 羧甲基纤维素（CMC）与甲醇反应生成羧甲基纤维素甲酯。

$$R-O-CH_2-COOH + CH_3OH \longrightarrow R-O-CH_2-\overset{O}{\overset{\|}{C}}-O-CH_3 + H_2O$$

（CMC）   （CMC甲酯）

② 羧甲基纤维素甲酯与肼反应生成羧甲基纤维素酰肼衍生物。

$$R-O-CH_2-\overset{O}{\overset{\|}{C}}-O-CH_3 + NH_2-NH_2 \longrightarrow R-O-CH_2-\overset{O}{\overset{\|}{C}}-O-CH_2-NHNH_2 + CH_3OH$$

（CMC甲酯）   （肼）   （CMC酰肼衍生物）

③ 羧甲基纤维素酰肼衍生物与亚硝酸反应生成羧甲基纤维素叠氮衍生物。

$$R-O-CH_2-\overset{O}{\overset{\|}{C}}-O-CH_2-NHNH_2 + HNO_2 \longrightarrow R-O-CH_2-\overset{O}{\overset{\|}{C}}-N_3 + 2HO_2$$

（CMC酰肼衍生物）   （CMC叠氮衍生物）

④ 羧甲基纤维素叠氮衍生物中活泼的叠氮基团与酶中的氨基形成肽键固定化酶。

$$R-O-CH_2-\overset{\displaystyle O}{\overset{\displaystyle \|}{C}}-N_3 + H_2N-E \longrightarrow R-O-CH_2-\overset{\displaystyle O}{\overset{\displaystyle \|}{C}}-NH-E$$

(CMC叠氮衍生物)　　　　　(酶)　　　　　(固定化酶)

7.2.3.3　溴化氰法共价固定酶

带—OH 的载体，如纤维素、琼脂糖等，在碱性条件下载体中的—OH 和 BrCN 反应生成极其活泼的亚氨基碳酸酯衍生物，该衍生物在碱性条件下可以与酶蛋白分子中的氨基进行共价偶联反应，从而达到共价固定酶的目的。其中以琼脂糖载体占多数（大孔网状结构）。用溴化氰和琼脂糖制备得到固定化酶目前使用广泛。制备过程中的化学反应式有：

$$\begin{array}{c} R-\overset{\displaystyle H}{\underset{\displaystyle |}{C}}-OH \\ R-\underset{\displaystyle H}{\overset{\displaystyle |}{C}}-OH \end{array} + BrCN \longrightarrow \begin{array}{c} R-\overset{\displaystyle H}{\underset{\displaystyle |}{C}}-O \\ R-\underset{\displaystyle H}{\overset{\displaystyle |}{C}}-O \end{array} C=NH + HBr$$

(亚氨基甲酸酯类衍生物)

含有活泼基团（亚氨基碳酸酯衍生物）的载体再与酶分子中的氨基进行偶联反应可以共价得到以下几种类型的固定化酶：异脲型、亚胺碳酸酯型以及氨基甲酸酯型。

$$\begin{array}{c} R-\overset{\displaystyle H}{\underset{\displaystyle |}{C}}-O-\overset{\displaystyle NH}{\overset{\displaystyle \|}{C}}-\overset{\displaystyle H}{\underset{\displaystyle |}{N}}-E \\ R-\underset{\displaystyle H}{\overset{\displaystyle |}{C}}-OH \end{array}$$ 异脲型

$$\begin{array}{c} R-\overset{\displaystyle H}{\underset{\displaystyle |}{C}}-O \\ R-\underset{\displaystyle H}{\overset{\displaystyle |}{C}}-O \end{array} C=NH + H_2N-E \longrightarrow \begin{array}{c} R-\overset{\displaystyle H}{\underset{\displaystyle |}{C}}-O \\ R-\underset{\displaystyle H}{\overset{\displaystyle |}{C}}-O \end{array} C=N-E$$ 亚胺碳酸酯型

$$\begin{array}{c} R-\overset{\displaystyle H}{\underset{\displaystyle |}{C}}-O-\overset{\displaystyle O}{\overset{\displaystyle \|}{C}}-\overset{\displaystyle H}{\underset{\displaystyle |}{N}}-E \\ R-\underset{\displaystyle H}{\overset{\displaystyle |}{C}}-OH \end{array}$$ 氨基甲酸酯型

7.2.3.4　烷基化法共价固定酶

含羟基的载体可以用三氯均三嗪、溴乙酸等多卤代物活化。活化载体上的卤素基团可以与酶蛋白分子上的氨基、巯基和羟基等发生烷基化反应，制备得到固定化酶。

例如，三氯均三嗪活化载体以及固定化酶反应过程如下：

（1）含羟基载体活化

$$R-OH + Cl \overset{\displaystyle N}{\underset{\displaystyle N}{\bigcirc}} Cl \longrightarrow R-O \overset{\displaystyle N}{\underset{\displaystyle N}{\bigcirc}} Cl + HCl$$

(含羟基载体)　(三氯均三嗪)　　　(活化载体)

（2）活化载体固定化酶

$$R-O \overset{Cl}{\underset{Cl}{\bigcirc}} NH + H_2N-E \longrightarrow R-O \overset{Cl}{\underset{NH-E}{\bigcirc}} N + HCl$$

（活化载体）（酶的氨基）　　　　　（固定化酶）

$$R-O \overset{Cl}{\underset{Cl}{\bigcirc}} NH + H_2S-E \longrightarrow R-O \overset{Cl}{\underset{S-E}{\bigcirc}} N + HCl$$

（活化载体）（酶的巯基）　　　　　（固定化酶）

$$R-O \overset{Cl}{\underset{Cl}{\bigcirc}} NH + HO-E \longrightarrow R-O \overset{Cl}{\underset{O-E}{\bigcirc}} N + HCl$$

（活化载体）　（酶的羟基）　　　　　（固定化酶）

共价偶联固定化酶的优点：得到的固定化酶结合牢固，稳定性好，利于连续使用，不容易脱落。但是其也存在一些缺点，如：反应条件比较激烈，蛋白酶容易失活；操作复杂；酶活回收率低；有时可能会改变酶对底物的专一性；共价结合酶可能会因为对酶的高级空间结构的影响而改变了酶的催化活性。

在使用共价结合法固定酶时，我们需要考虑的因素有：①要求载体为惰性载体，且具有一定的机械强度和稳定性，同时具备在温和条件下与酶结合的功能基团；②偶联反应的条件必须为温和 pH、中等离子强度和低温的缓冲溶液；③所选择的偶联反应对酶的其他功能基团副作用尽可能要小；④要考虑到酶固定化后的构型，载体固定酶后，其空间位阻要尽可能减少对酶活力的影响。

7.2.4　交联法

交联法是借助双功能试剂或多功能试剂使酶分子之间、酶分子与惰性蛋白或酶分子与载体间发生交联作用，把酶蛋白分子彼此交叉连接起来，制成网状结构。此法与共价结合法一样也是利用共价作用固定化酶。

7.2.4.1　酶分子间交联法

借助双功能试剂或多功能试剂使酶分子之间交联的方法，常用的双功能试剂有戊二醛、己二胺、顺丁烯二酸酐和双偶氮苯等，酶分子间交联示意图见图 7-4。其中戊二醛应用最为广泛。戊二醛有两个醛基，可以与酶的—NH_2 生成 Schiff's 碱，从而使酶蛋白质分子间交联，制成固定化酶。如：在 pH5.2～7.2，0℃下，

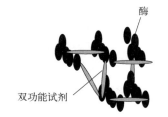

图 7-4　酶分子间交联示意图

0.2%的木瓜蛋白酶中加入 0.3%的戊二醛，交联 24h，可形成固定化酶。

戊二醛与蛋白质交联的特点是活性高、反应快、结合量大、产物稳定，以及对沸水、酸、酶的抵抗力强。采用 0.3%戊二醛溶液为交联剂得到的固定化木瓜蛋白酶具有很高的活性回收率，广泛用于啤酒的澄清、肉类嫩化和复配消化药物等方面，可有效提高酶的利用率和降低生产成本。以氨丙基多孔硅球为载体，用戊二醛为交联剂制备的固定化嗜热菌蛋白酶在水相中能较好地合成二肽甜味剂 Aspartame 前体，最高产率达到 95%，并具有良好的重复使用性能。

使用戊二醛交联酶的反应如下：

$$\left[\begin{array}{c} \overset{O}{\underset{\parallel}{}} \quad H_2 \ H_2 \ H_2 \quad \overset{O}{\underset{\parallel}{}} \\ H-C-C-C-C-C-H + NH_2-E \\ \text{戊二醛} \qquad\qquad \text{酶} \end{array} \right]_n$$

$$\left[-(H_2C)_3-\underset{H}{C}=N-E-N=\underset{H}{C}-(CH_2)_3-\underset{H}{C}=N-E-N=\underset{H}{C}-(CH_2)_3- \right]_n$$

酶分子间由戊二醛相互交联形成网状结构

7.2.4.2 载体交联法

用多功能试剂或者双功能试剂的一部分功能基团与载体交联，另一部分功能基团与酶蛋白分子交联而制备固定化酶的方法称为载体交联法。

酶分子间交联法和载体交联法制备得到的固定化酶，如图 7-5 所示。

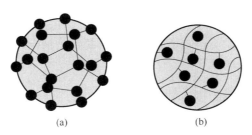

(a)　　　　　(b)

图 7-5　两种交联法得到的固定化酶

（a）酶分子间相互交联形成的水不溶性固定化酶；（b）酶分子被偶联到水不溶性载体上形成的固定化酶

上述各种固定化方法在酶的固定化中得到了广泛的应用。根据载体和酶的性质、成本等因素选择合适的固定化方法，可有效提高固定化酶的效率和应用价值。四种固定化方法优缺点比较如表 7-2 所示。

表 7-2 酶固定化方法比较

方法	优点	缺点
吸附法	制作条件温和、简单，载体廉价易得、可重复使用，酶活回收率高	结合力较弱，对 pH、离子强度、温度等因素敏感，酶容易脱落，酶装载容量一般较小
包埋法	操作方便、条件温和，基本不会改变酶的结构，酶不易脱落	机械强度差，仅适用于低分子量的底物，常有扩散限制问题
交联法	酶的结合力强，稳定性较高	交联条件剧烈，易引起酶失活
共价结合法	酶的结合力强，非常稳定	酶联反应条件剧烈，易引起酶失活

7.2.5 固定化酶的评价

酶活力单位定义（U）：在特定条件下，每一分钟催化 1μmol 底物转化为产物所需要的酶量为一个酶活单位，或者每一分钟催化产生 1μmol 产物所需要的酶量为一个酶活单位。游离酶的活力单位含量可以表示为 U/mL，而固定化酶的活力单位含量则为每克干定化酶所具有的酶活力单位或者单位面积（cm^2）所含有的酶活力单位数（酶膜、酶管和酶板）。

7.2.5.1 固定化酶的活力测定方法

（1）振荡测定法 称取一定量固定化酶，加入一定量的底物溶液，将固定化酶和底物溶液混合，振荡或搅拌使酶催化反应进行一段时间，然后取出一定量的反应液，测定反应液中的产物生成量或底物消耗量，然后根据酶活力单位定义方法计算出固定化酶的活力单位数。

（2）酶柱测定法 将一定量的固定化酶装入恒温反应柱中，然后使用恒流泵使底物以一定的流速流过装有固定化酶的反应柱中，进行循环流动，维持反应一段时间，收集得到一定量的反应液，测定反应液中的产物生成量或底物消耗量，然后根据酶活力单位定义方法计算出固定化酶的活力单位数。

（3）连续测定法 利用连续分光光度法测定固定化酶的催化活性：将分光光度计与流动的反应液连接，反应液连续在比色皿中流动，分光光度计实时监测反应液中的产物或底物的变化量，这样就可以及时并准确地知道某一时刻的酶活力情况，这对自动化监测与控制固定化酶催化过程具有十分重要的意义。

7.2.5.2 固定化酶的评价指标

多数固定化方法对酶进行固定化时，都会对酶的活力有影响，而且基本上都会对酶的活力产生负面影响，使酶活性有所降低。在评价特定方法对某种酶进行固定化时，可以采用以下几个指标进行评价：酶结合效率（或称偶联效率、固定化率）、活力回收率（活力保留百分数）、相对活力。它们的计算公式为：

$$酶结合效率 = \frac{加入的总酶活力单位数 - 未结合的酶活力单位数}{加入的总酶活力单位数} \times 100\%$$

另有计算酶的结合效率时以酶蛋白的量计，即：

$$酶结合效率 = \frac{加入的总酶蛋白的质量 - 未结合的酶蛋白的质量}{加入的总酶蛋白的质量} \times 100\%$$

$$活力回收率 = \frac{固定化酶总活力单位数}{加入的总酶活力单位数} \times 100\%$$

$$相对活力 = \frac{固定化酶总活力单位数}{加入的总酶活力单位数 - 上清液中未结合酶活力单位数} \times 100\%$$

当固定化方法对酶的活力没有影响时，酶结合效率与酶活力回收率的数值相近。

当相对活力指标>100%时，说明此固定化方法对酶的活力有提高作用，当相对活力指标<100%时，说明此固定化方法对酶的活力有负面影响，酶的活力有失活现象，或者对酶的催化作用的发挥有阻碍作用。

例题： 取氨基酰化酶（酶活力 1000U/mL）20mL 与 30mL 海藻酸钠混匀后，滴加在氯化钙溶液中，静置，形成固定化酶胶粒。分离并洗涤胶粒，共得到上清液 50mL，其酶活力为 20U/mL。得到固定化酶胶粒 50g，取 0.5g 测其酶活力，结果显示为 100U。请问固定化酶的相对活力是多少？回收率及结合率是多少？（答案：相对活力 52.6%；回收率 50%；结合率 95%）

答案

7.3　固定化酶的性质

酶被固定化后，通常会发生酶学性质的改变，其原因主要有两方面：①由酶分子本身的变化引起的性质改变；②受到固定化载体的物理或化学性质的影响。

载体和固定化过程对酶的性质的影响效应有以下几方面：

（1）分配效应　载体和底物的性质差异造成了固定化酶局部的微环境和主体溶液的宏观环境的不同，造成底物、产物和各种效应物在这两种环境中的分配不同，如图 7-6 所示。

（2）空间障碍效应　酶被固定化后，载体给酶的活性部位造成了空间屏障，使得酶分子的活性基团不易与底物或效应物接触，如图 7-7 所示。

（3）扩散限制效应　酶的固定化使生物催化反应从均相转化为多相，于是产生了扩散阻力。

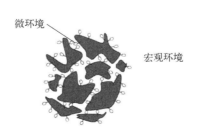

微环境

宏观环境

知识拓展

图 7-6　固定化酶中的分配效应示意图

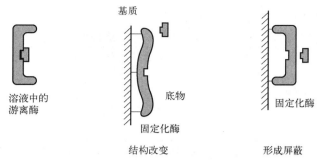

图 7-7　固定化酶中的空间障碍效应示意图

7.3.1　固定化酶的稳定性

大多数酶在被固定化后都不同程度地提高了其稳定性，延长了酶的使用有效寿命，固定化增加了酶构象的稳固程度，减少了不利因素对酶的影响。大多数固定化酶对热的耐受性有明显提高，这种性质对于固定化酶的工业化应用具有十分重要的意义。总的来说，固定化对酶的稳定性的影响有以下积极的几方面：①固定化增加了酶的耐热性；②固定化增加了酶对变性剂、抑制剂的抵抗能力；③固定化减轻了蛋白酶的破坏作用；④固定化延长了酶的操作和保存有效期。

造成以上积极影响的可能原因是，固定化后酶与载体多点连接，可以防止酶伸展变形；酶活力的缓慢释放；抑制酶的自降解，酶分子之间相互作用的机会大大降低。例如：氨基酰化酶游离酶在 75℃ 保温 15min，活力降为 0；而采用 DEAE-Sephadex 固定化后，在同样条件下仍有 80% 的活力；采用 DEAE-纤维素固定化后在同样条件下还有 60% 残余活力。CM-纤维素固定化胰蛋白酶和糜蛋白酶的最适温度比游离酶提高了 5～15℃。

7.3.2　固定化酶的最适 pH

酶被固定化后，其最适 pH 相比游离酶，一般会发生一些改变，而影响固定化酶最适 pH 值的因素主要有两个：载体的带电性质和酶催化产物的性质。带负电荷载体，往往造成固定化酶最适 pH 值向碱性方向移动，而带正电荷载体，往往造成固定化酶最适 pH 值向酸性方向移动。用不带电荷的载体制备得到的固定化酶，其最适 pH 值一般不会发生改变。一般催化反应产物为酸性时，固定化酶的最适 pH 值要比游离酶的最适 pH 值高一些；产物为碱性时，固定化酶的最适 pH 值要比游离酶的最适 pH 值低；产物为中性时，固定化酶的最适 pH 值与游离酶的最适 pH 值相比一般不变。产物对固定化酶最适 pH 值产生影响的原因可能是载体空间阻力影响了产物的扩散。

7.3.3　固定化酶的最适温度

固定化酶的最适作用温度与游离酶相比变化不大，其活化能也变化不大。但是，有些固定化酶的最适温度有明显的变化。例如胰蛋白酶用壳聚糖包埋后，其最适温度提高了近 30℃；用重氮法制备的固定化胰蛋白酶和胰凝乳蛋白酶，其作用的最适温度比游离酶提高了 5～

10℃；用共价结合法制备的固定化色氨酸酶，比游离酶的最适温度提高了 5～15℃。用不同的方法或载体制备得到的固定化酶，其最适温度的变化情况不一样。表 7-3 列举了部分固定化酶的最适温度变化。

表 7-3　不同方法和载体固定化氨基酰化酶的最适温度

载体	方法	最适温度/℃
—	游离酶	60
DEAE-葡聚糖凝胶	离子键结合法	72
DEAE-纤维素	离子键结合法	67
DEAE-葡聚糖凝胶	烷基化法	小于 60

7.3.4　固定化酶的底物特异性

　　固定化酶的底物特异性与游离酶相比，可能有些不同，其变化与酶的底物分子量的大小有一定的关系。对于作用于低分子量底物的酶而言，其固定化前后的底物特异性不会出现明显的变化。如氨基酰化酶、葡萄糖异构酶、葡萄糖氧化酶等，但是对于那些既可作用于大分子量底物，又可作用于低分子量底物的酶，其固定化酶的底物特异性往往会发生变化。如：以羧甲基纤维素为载体，用叠氮化法制备的核糖核酸酶，当以核糖核酸为底物时，催化速度仅为游离酶的 2%左右，而以环化鸟苷酸为底物时，催化速度可达到游离酶的50%～60%；固定在羧甲基纤维素上的胰蛋白酶，对二肽或多肽的作用保持不变，而对酶蛋白的作用仅为游离酶的 3%左右。造成固定化酶的底物特异性变化的主要原因一般为载体的空间位阻作用。

7.4　固定化酶的应用

　　固定化酶由于其突出的可重复使用性、易于与底物和产物分离性和更高稳定性（耐 pH、耐热和易储存），已广泛应用于工业催化、废水处理领域中，此外，还可做成酶传感器用于底物含量的检测。

7.4.1　固定化酶在工业催化中的应用

7.4.1.1　固定化酶生产 L-氨基酸

　　氨基酸是最早应用固定化酶技术生产的产品。1969 年，日本制药公司利用 DEAE-葡聚糖凝胶为载体通过离子键结合法将氨基酰化酶固定，催化拆分 N-乙酰-DL-氨基酸生成 L-氨基酸。随后固定化天冬氨酸酶生产 L-天冬氨酸获得成功。固定化酶生产 L-氨基酸的一般工艺流程图如 7-8 所示。目前已有多种氨基酸通过固定化酶实现了 L-型氨基酸的拆分（见表 7-4）。

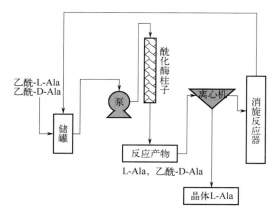

图 7-8   D/L 型氨基酸的拆分流程图

表 7-4   固定化酶在 L-氨基酸生产上的应用

酶类	底物	产物
氨基酸脱乙酰酶	N-乙酰-DL-氨基酸	L-氨基酸
消旋酶、水解酶	DL-α-氨基己内酰胺	L-赖氨酸
β-酪氨酸酶	DL-丝氨酸、邻苯二酚	L-多巴
β-酪氨酸酶	苯酚、丙酮酸	L-酪氨酸
L-天门冬氨酸酶	反丁烯二酸的铵盐	L-天门冬氨酸
谷氨酰胺合成酶	L-谷氨酸与氨	L-谷氨酰胺
谷氨酸脱羧酶	L-谷氨酸	γ-氨基丁酸
丝氨酸羟甲基转移酶	甘氨酸、甲醛	L-丝氨酸
色氨酸合成酶	5-羟吲哚、L-丝氨酸	L-5-羟色氨酸
L-色氨酸酶	吲哚和丙酮酸、氨	L-色氨酸
L-天门冬氨酸-β-脱羧酶	L-天门冬氨酸的铵盐	L-丙氨酸
2-氯-D-丙氨酸裂解酶	2-氯-D-丙氨酸、硫氢化钠	D-半胱氨酸
转氨酶	苯丙酮酸、L-天门冬氨酸	L-苯丙氨酸
精氨酸脱亚胺酶	L-精氨酸	L-瓜氨酸
精氨酸酶	L-精氨酸	L-鸟氨酸

7.4.1.2   固定化葡萄糖异构酶生产果葡糖浆

在食品工业中，最著名的应用是用固定化葡萄糖异构酶生产果葡糖浆。葡萄糖异构酶可催化葡萄糖生成果糖，但葡萄糖异构酶催化效率最高时（温度为 60～70℃），葡萄糖转化成果糖的比率也只有 53.5%～56.5%，因此常用葡萄糖异构酶催化葡萄糖制备果葡糖浆。葡萄糖异构酶是水溶性的酶，固定化后具有易分离，稳定性好，易控制等优点，适合连续化生产高果糖浆。例如，在实际工业生产中，使用乙烯亚胺/戊二醛交联产葡萄糖异构酶的菌体细胞，并添加无机载体膨润土、硅藻土混合制得固定化酶。该固定化葡萄糖异构酶稳定性好，在 60℃ 的填充床反应器中的半衰期达到一年以上。

7.4.1.3 固定化乳糖酶生产低乳糖制品

牛乳中含有一定量的乳糖，体内缺乏 β-半乳糖苷酶的人，食用后会出现消化不良和腹泻等现象，即乳糖不耐症。通过固定化乳糖酶分解牛乳中的乳糖，同时调整配方，可以制备出口感更佳的低乳糖乳制品。1977 年，固定化乳糖酶就开始用于低乳糖制品的生产。而且乳糖在低温时容易结晶，用固定化乳糖酶处理后，可以减少冰淇淋类产品的结晶，改善口感，增加甜度。使用海藻酸钙作为载体，戊二醛为交联剂制备得到固定化乳糖酶，其热稳定性有所提高，对 pH 的敏感性有所降低，且在低乳糖制品的制备中得到了较好的应用。

7.4.1.4 固定化青霉素酰化酶制备新型抗生素

研究人员还利用固定化青霉素酰化酶，以青霉素或头孢霉素为原料，分别在青霉素的 6 位或者头孢霉素的 7 位催化酰胺键的形成与断裂，制备得到新型抗生素，后来有人利用戊二醛交联固定能产生青霉素酰化酶的大肠杆菌生产青霉素和头孢霉素。

7.4.2 固定化酶在生物传感器方面的应用

固定化酶还可用于制作酶传感器。这种传感器运用生物传感技术，能把生物物质的浓度转变为电信号，进而实现对食品、血样、水体中特定成分含量的检测。以葡萄糖氧化酶传感器为例，它利用壳聚糖将葡萄糖氧化酶固定，通过感知血液中的葡萄糖含量来检测血糖水平。其工作原理基于葡萄糖氧化酶对 β-D-葡萄糖具有高度特异性，在有氧环境下，葡萄糖一旦接触到葡萄糖氧化酶，就会发生反应，生成 β-D-葡糖内酯和过氧化氢。此时，氧电极（或过氧化氢电极）能够感应氧气的消耗（或过氧化氢的生成），并将其转化为电信号，该信号可直接反映血糖含量。

7.4.3 固定化酶在污水处理中的应用

使用磁石载体固定的辣根过氧化物酶可选择性吸附处理生活污水和工业废水中的有害成分氯酚，且净化效果是游离酶的 20 多倍。脱乙酰壳多糖胶膜固定的苯丙氨酸酶可将苯酚降解为二氧化醌，而且脱乙酰壳多糖胶膜可以快速吸附产物，极大地提高了污水处理的效率。

思考：绪论中介绍了酶的 5 种应用形式，固定化酶可用于其中的几种？工业上，酶催化反应生成产物在什么样的容器中进行的？

产出评价

自主学习

1. N-乙酰神经氨酸醛缩酶和 N-乙酰差向异构酶联合使用，可以以 N-乙酰葡萄糖胺为底物催化生产唾液酸。请设计这两种酶的固定化方案，且要包含固定化酶的评价指标及其测定方法。

2. 在完成本章内容学习的基础上，查阅文献，归纳总结固定化酶最新发展趋势。

实践项目

酶（葡萄糖异构酶或苹果酸脱氢酶）的固定化及其评价。

实践项目

单元测试

单元测试题

8 酶反应器

知识目标：了解酶的应用形式，归纳总结酶反应器的类型、工作原理及优缺点，能列举酶反应器操作要点，理解酶反应器设计的步骤和物料衡算。

能力目标：能根据酶催化的特点及应用形式，选择适宜的酶反应器；能进行酶反应器的初步设计。

素质目标：提升学生关注成本、能耗等经济效益和生态、环保等社会效益的意识。

酶催化生产药物、食品添加剂及其他化工产品时，需要进行工业化规模的酶促反应。酶反应器是完成工业化酶促反应的核心装置，为酶催化反应提供场所和合适的反应条件，以便以尽可能低的成本使底物最大限度地转换成产物（图8-1）。

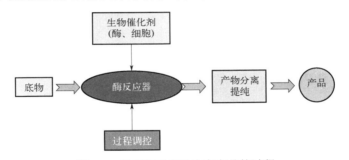

图 8-1　利用酶反应器生产产品的过程

酶反应器是指用于酶进行催化反应的容器及其附属设备（如混合、取样、加热等设备）。酶反应器的特点是在低温、低压的条件下发挥作用，反应时耗能和产能都比较少。它不同于发酵反应器，无须考虑细胞生长发酵过程中的多种影响因素。

8.1 酶的应用形式

由于底物和目标产物不同，酶反应类型、反应条件、规模和要求也不同，因此，酶的成本、稳定性、反复使用的可能性也不同。所以，酶反应器的选择必须结合酶的应用形式来考虑。酶的应用形式包括完整细胞、游离酶和固定化酶三类。

8.1.1 完整细胞

反应过程所利用的催化剂是微生物的完整细胞，但生产过程与细胞本身的生长和代谢活动无关或者影响很小，仅仅利用细胞内的一种酶或多种酶。用完整细胞进行催化的优点在于：①无须进行酶的分离纯化，节省了成本；②微生物细胞可以作为酶的固定化载体存在，利于维持酶的稳定性以及转化后与反应体系的分离；③细胞多酶体系催化可以完成较为复杂的多步生物反应，尤其适合有辅酶参与的催化反应。其缺点是反应途径较难控制，反应终了时，副产物及菌体自溶物较多，给产品分离带来困难。

8.1.2   游离酶

酶以游离态形式作为催化剂参与反应。其特点是过程简单，操作方便。游离酶的主要缺点是一次性使用，很难反复利用。同时，与完整细胞相比增加了酶分离纯化制备过程。

8.1.3   固定化酶

固定化酶是通过吸附、包埋、交联等方式将酶固定到惰性载体上或自聚合形成聚集体，使其由可溶性酶变成不溶性状态，容易和反应液分离，能够反复多次使用或连续使用。

固定化酶较游离态酶有较高的稳定性，且可以反复使用，因此操作成本相对较低，所以，固定化酶越来越多地应用到酶促反应中。但固定化酶也有缺点：①固定化时，酶活力有损失；②只能用于可溶性底物，而且较适用于小分子底物，对大分子底物不适用；③与完整菌体相比不适用于多酶反应，特别是需要辅助因子的反应。不过，一些科技工作者已在探索将不同的酶固定于同一载体或不同载体上，实现多酶催化反应，使其具备完整细胞催化的优点。

8.2   酶反应器类型

酶反应器的类型很多，有不同的分类方法。按酶的状态分类，酶反应器可分为直接应用游离酶进行反应的均相酶反应器和应用固定化酶进行反应的非均相酶反应器；按结构的不同又可划分为膜反应器、搅拌罐式反应器、填充床反应器、流化床反应器和连续搅拌罐-超滤反应器等。

图片

8.2.1   搅拌罐式反应器

搅拌罐式反应器是具有搅拌装置的传统反应器，依据它的操作方式又可细分为分批式、流加分批式和连续式三种。它主要由反应罐、搅拌器和恒温装置三部分组成（图8-2），具有结构简单、酶与底物混合充分均匀、温度和 pH 易控制、能处理胶体底物和不溶性底物及催化剂更换方便等优点，常被用于饮料和食品加工工业。但该反应器搅拌动力消耗大，催化剂颗粒容易被搅拌桨叶的剪切力所破坏，酶的回收效率低。对于连续流搅拌罐，可在反应器出口设置过滤器或直接选用磁性固定化酶来减少固定化酶的流失。另一种改进方法是将固定化酶颗粒装在用丝网制成的扁平筐内，作为搅拌桨叶及挡板，既改善了粒子与流体间的界面阻力，也保证酶颗粒不致流失。

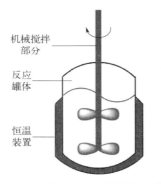

知识拓展

图 8-2　搅拌罐式反应器的结构示意图

8.2.2　填充床反应器

把颗粒状或片状的固定化酶填充在固定床（填充床）中的反应器叫作填充床反应器（图 8-3），也称固定床反应器。这类反应器是当前工业上使用得最广泛的固定化酶反应器。反应器工作时，底物按一定方向以恒定速度通过催化剂床，特别适合于存在底物抑制的催化反应。但也存在下列缺点：①温度和 pH 难控制；②更换部分催化剂相当麻烦；③底物必须加压后才能进入。填充床反应器的操作方式主要有两种，一是底物溶液从底部进入而由顶部排出的上升流动方式，另一种则是上进下出的下降流动方式。

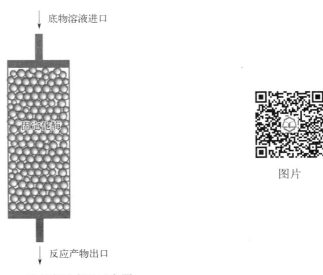

图片

图 8-3　填充床反应器示意图

8.2.3　流化床反应器

流化床反应器是一种装有较小颗粒的垂直塔式反应器（图 8-4）。底物以一定的流速从下向上流过，使固定化酶颗粒在流体中维持悬浮状态并进行反应，流体的混合程度介于搅拌罐式反应器和固定床反应器之间。流化床型反应器具有传热与传质特性好、不堵塞、能处理粉状底物、压降较小等优点，也很适合需要排气供气的反应，但它需要较高的流速才能维持粒子的充分流态化，而且放大较困难。主要被用来处理一些黏度高的液体和颗粒细小的底物，如用于水解牛乳中的蛋白质。

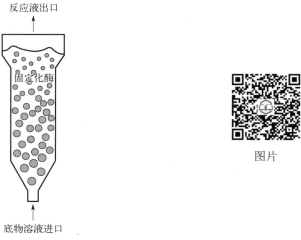

图 8-4　流化床反应器示意图

8.2.4　鼓泡反应器

利用反应器底部通入的气体产生的大量气泡，在上升过程中起到提供反应底物和混合两种作用的反应器称鼓泡反应器（图 8-5）。无搅拌器，靠气流作用搅拌，气体入口处有气流分布器，产生分散均匀的小气泡，剪切力小，对结构较脆弱的细胞和固定化载体有利。

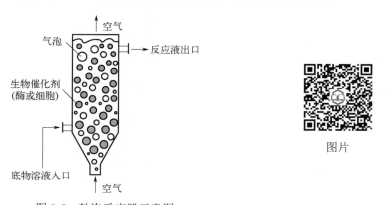

图 8-5　鼓泡反应器示意图

8.2.5　膜反应器

膜反应器是将酶催化反应与半透膜的分离作用组合在一起而成的反应器，利用膜的分离功能，同时完成反应和分离过程。游离酶膜反应器见图 8-6，底物在酶反应器中被催化后，进入膜分离器，分离出产物，酶被截留，重新进入反应器重复使用。适用于价值较高的酶和产物抑制的反应，缺点是酶易吸附在膜上造成损失，长期稳定性差。中空纤维膜反应器则是由数根醋酸纤维素制成的中空纤维构成，酶液从中空纤维反应器的一侧注入，清液从反应器的另一侧流出，酶被固定在反应器内中空纤维外；催化反应时，底物从反应器一端流入，反应液从另一端流出。中空纤维壁具有一定的分子截留作用，能截留酶分子，允许小分子底物和产物物质通过，实现酶的连续催化，具体见图 8-7。

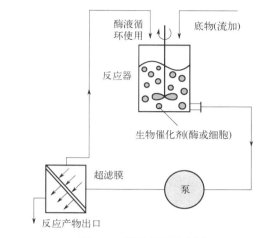

图 8-6　膜反应器示意图

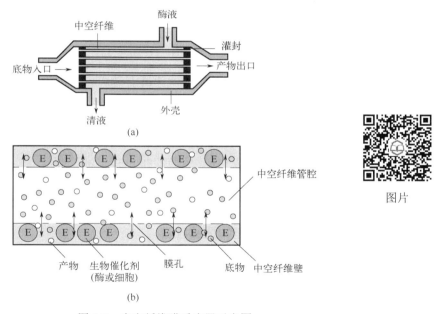

图片

图 8-7　中空纤维膜反应器示意图
（a）中空纤维膜反应器；（b）中空纤维细节图

8.2.6　喷射反应器

利用高压蒸汽喷射作用，实现酶与底物混合，进行高温瞬时反应的一种反应器称喷射反应器（图 8-8）。喷射反应器混合效果好，催化效率高，只适用于耐高温的酶，适用面较狭窄。

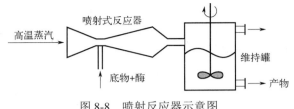

图 8-8　喷射反应器示意图

思考：总结酶反应器的类型、特点及各类型适用的酶。

8.3　酶反应器的选择和操作

利用酶反应器进行生产，首先要根据生产目的、生产规模、生产原料、产品的质量要求选择适宜的酶应用形式和合适的酶反应器，此外还要确定适宜的反应器操作条件并根据情况的变化进行调节控制，以便充分利用酶的催化功能，生产出预期产品，降低反应成本，用最少量的酶在最短的时间内完成最大量的反应。

8.3.1　酶反应器的选择

8.3.1.1　根据酶的应用形式选择酶反应器

在体外进行酶催化反应时，酶的应用形式主要有游离酶和固定化酶（完整细胞做催化剂可视为固定化酶）。在应用游离酶进行催化反应时，酶与底物均溶解在反应溶液中进行催化反应，可以选用搅拌罐式反应器、膜反应器、鼓泡反应器、喷射反应器等，其中最常用的是拌罐式反应器，其具有操作简便，酶与底物的混合较好，反应条件容易控制等优点。固定化酶是被载体固定在一定空间范围内进行催化反应的酶，具有可以反复或连续使用的特点，可以选择搅拌罐式反应器、填充床反应器、鼓泡反应器、流化床反应器、膜反应器等，一般多采用填充床或流化床反应器。如有气体参与反应，可选用鼓泡反应器。

8.3.1.2　根据酶反应动力学性质选择酶反应器

酶反应动力学是研究酶催化反应的速度及其影响因素的学科，是酶反应条件的确定及其控制的理论根据，对酶反应器的选择也有重要影响。

在酶反应动力学方面，主要考虑酶与底物的混合程度、高底物浓度是否会产生抑制现象、所要达到的底物转化效率、产物是否会对反应产生抑制作用以及酶催化作用的温度条件等。混合效果较好的酶反应器有搅拌罐式反应器、流化床反应器、鼓泡反应器，混合效果较差的有填充床反应器和中空纤维膜反应器。

8.3.1.3　根据底物或产物的理化性质选择反应器

在催化过程中，底物和产物的理化性质直接影响酶催化反应的速率，底物或产物的分子量、溶解性、黏度等性质也对反应器的选择有重要影响。如反应底物或产物的分子量较大、溶解度较低、黏度较高时，或者需要小分子物质作为辅酶的酶催化反应，通常不采用膜反应器。

8.3.1.4　其他影响因素

所选择的反应器应当能够适用于多种酶的催化反应，能满足酶催化反应所需的各种条件，并可进行适当的调节控制。

所选择的反应器应当尽可能结构简单、操作简便、易于维护和清洗，还应当具有较低的制造成本和运行成本等。

8.3.2　酶反应器操作条件的调控

酶反应器的操作条件主要包括温度、pH、底物浓度、酶浓度、反应液的混合与流动等，现简要介绍如下。

8.3.2.1　反应温度的调节控制

在酶反应器的操作过程中，要将反应温度控制在适宜的温度范围内，在温度发生变化时，要及时进行调节。一般酶反应器中均设计、安装有夹套或列管等换热装置，里面通进一定温度的水，通过热交换作用，保持反应温度恒定在一定的范围内。

8.3.2.2　pH 的调节控制

在酶催化反应过程中，要将反应液的 pH 维持在适宜的 pH 范围内。采用分批式反应器进行酶催化反应时，通常在加入酶液之前，先用稀酸或稀碱将底物溶液调节到酶的最适 pH，然后加酶进行催化反应；对于在连续式反应器中进行的酶催化反应一般将调节好 pH 的底物溶液（必要时可以采用缓冲溶液）连续加到反应器中。有些酶催化反应前后的 pH 变化不大，如 α-淀粉酶催化淀粉水解生成糊精，在反应过程中不需要进行 pH 的调节；而有些酶的底物或者产物是一种酸或碱，反应前后 pH 的变化较大，必须在反应过程中进行必要的调节。pH 的调节通常采用稀酸或稀碱进行，必要时可以采用缓冲溶液以维持反应液的 pH。

8.3.2.3　底物浓度的调节控制

对于分批式反应器，首先将一定浓度的底物溶液引进反应器，调节好 pH 和温度，然后加进适量的酶液进行反应；为了防止高浓度底物引起的抑制作用可以采用逐步流加底物的方法，反应结束后，将反应液一次全部取出。通过流加分批的操作方式，反应体系中底物浓度保持在较低的水平，可以避免或减少高浓度底物的抑制作用，以提高酶催化反应的速率。

对于连续式反应器，则将配制好的一定浓度的底物溶液连续地加进反应器中进行反应，反应液连续地排出。反应器中底物的浓度保持恒定。

8.3.2.4　酶浓度的调节控制

在酶使用过程中，特别是连续使用较长的一段时间以后，必然会有一部分的酶失活，所以需要进行补充或更换，以保持一定的酶浓度。故此，连续式固定化酶反应器应具备添加或更换酶的装置，而且要求这些装置的结构简单、操作容易。

8.3.2.5　搅拌速度的调节控制

在搅拌罐式反应器和游离酶膜式反应器中，都设计安装有搅拌装置，通过适当的搅拌实现底物与酶的均匀混合。为此首先要在实验的基础上确定适宜的搅拌速度，并根据情况的变化进行搅拌速度的调节。搅拌速度过慢，会影响混合的均匀性；搅拌速度过快，则产生的剪切力会使酶的结构受到影响，尤其是会使固定化酶的结构破坏甚至破碎，而影响催化反应的进行。

8.3.2.6　流动速度的调节控制

在连续式酶反应器中，底物溶液连续地进入反应器，同时反应液连续地排出，通过溶液的流动实现酶与底物的混合和催化。为了使催化反应高效进行，在操作过程中必须确定适宜的流动速度和流动状态，并根据变化的情况进行适当的调节控制。

如在流化床反应器中，流体流速过慢，固定化酶颗粒不能很好地漂浮翻动，会影响酶与底物的均匀接触。流体流速过高或流动状态混乱，则固定化酶颗粒容易受到破坏，造成酶的脱落、流失。在填充床式反应器的直径和高度确定的情况下，底物溶液流速越慢，酶与底物接触的时间越长，反应越完全，但是生产效率越低。膜反应器中，小分子的产物透过超滤膜进行分离，可以降低或者消除产物引起的反馈阻遏作用，然而容易产生浓差极化而使膜孔堵塞。为此，除了以适当的速度进行搅拌以外，还可以通过控制流动速度和流动状态，使反应液混合均匀，以减少浓差极化现象的发生。喷射反应器可以通过控制蒸汽压力和喷射速度进行调节，以达到最佳的混合和催化效果。

8.3.3　酶反应器操作的注意事项

在酶反应器的操作过程中，除了控制好各种条件以外，还必须注意下列问题。

8.3.3.1　保持酶反应器各操作参数的稳定

在酶反应器的操作过程中，应尽量保持搅拌速度、底物溶液流速和流动状态、反应温度、反应液 pH 等操作参数的稳定性，以避免反应条件的剧烈波动，从而保持反应器恒定的生产能力。

8.3.3.2　防止酶的变性失活

在酶反应器的操作过程中，应当特别注意防止酶的变性失活。引起酶变性失活的因素主要有温度、pH、重金属离子以及剪切力等。

操作温度一般等于或者低于酶催化最适温度，温度过高会加速酶的变性失活、缩短酶的半衰期和使用时间。反应液的 pH 应当严格控制在酶催化反应的适宜 pH 范围内。在进行 pH 的调节时，要一边搅拌一边慢慢加入稀酸或稀碱溶液，以防止局部过酸或过碱而引起酶的变性失活。重金属离子会与酶分子结合而引起酶的不可逆变性，因此要尽量除去重金属离子，必要时可以添加适量的 EDTA 等金属螯合剂，以避免重金属离子对酶的危害。

剪切力也是引起酶变性失活的一个重要因素。所以在搅拌式反应器的操作过程中，要防止过高的搅拌速度对酶（特别是固定化酶）结构的破坏。

8.3.3.3 防止微生物的污染

酶反应不需要在完全无菌条件下进行，但仍需要控制微生物污染。特别是，有些酶催化反应的底物或产物是微生物生长繁殖的营养物质，如淀粉、蛋白质、葡萄糖、氨基酸等，同时反应条件又适合微生物的生长繁殖，必须十分注意防止微生物的污染。

微生物污染会降低酶反应器的生产效率和降低产品质量，不仅会堵塞反应柱，还能使固定化酶活性载体降解，它们还会消耗一部分底物或产物，产生无用甚至有害的副产物，增加分离纯化的困难。因此，应保证生产环境的清洁、卫生，要求符合必要的卫生条件；反应器在使用前后都要进行清洗和适当的消毒处理，可用酸性水或含过氧化氢、季铵盐的水反复冲洗。

8.4 酶反应器的设计

酶反应器能够控制催化反应所需的各种条件，还能调节催化反应的速度。性能优良的酶反应器可以大幅提高生产效率。评价酶反应器的主要标准是生产能力的大小和产品质量的高低，理想的酶反应器应该能以低的生产成本生产较高产量和质量的产品。设计制造的酶反应器应该具有以下几个特点：①酶具有较高的比活和浓度，以实现最大转化率；②具备良好的传质和混合性能；③支持计算机自动检测和调控，从而获得最佳的反应条件；④能维持最佳的无菌环境，防止受到杂菌污染。

酶反应器的设计需依据酶本身特性和酶促反应特点进行反应器选型，并通过物料和能量衡算方程开展设计计算。因此，酶反应器设计的主要内容包括以下几个方面。

8.4.1 酶反应器类型的确定

根据酶的使用形式、底物和产物的性质，按照本章所述的酶反应器类型及其特点，选择并确定反应器的类型。由于酶催化反应一般是在常温、常压和 pH 近中性的环境中进行，酶反应器的制造材料一般选用不锈钢即可，没有什么特别要求。

8.4.2 热量衡算

大多数酶反应器的生产在恒温下进行，能量衡算只需考虑热量平衡。酶催化反应一般在 30～70℃的条件下进行，同时，酶促反应没有菌体生长产生的热量，热量衡算较简单。温度的调节控制也较为简单，通常采用一定温度的热水通过夹套（或列管）进行反应液的加热。

热量衡算是根据热水降温前后的温度差和使用量计算，也可以根据反应液升温前后的温度差、反应液体积及热利用率进行计算。必要时，需根据反应器的容积、形式和材料，用热量衡算式计算维持要求温度所需的传热面积。

对于某些耐高温的酶，如高温淀粉酶，可以采用喷射反应器，热量衡算时，根据所使用的水蒸气热熔和用量来进行计算。

8.4.3 物料衡算

物料衡算直接决定了产量和产率，是酶反应器设计的主要任务。物料衡算的基础是质量守恒定律，据此可对任一封闭体系进行物料衡算。

8.4.3.1 酶反应动力学参数的确定

酶反应动力学参数是反应器设计的主要依据。在反应器设计之前，就应当根据酶反应动力学特性，确定反应所需的底物浓度、酶浓度、最适温度、最适 pH、激活剂浓度等参数。

底物浓度对酶催化反应速度有很大影响。通常在底物浓度较低的情况下，酶催化反应速度随底物浓度的升高而升高，当底物达到一定浓度后，反应速度达到最大值，即使再增加底物浓度，反应速度也不再提高。底物浓度过高，反应液的黏度增加，有些酶还会受到高底物浓度的抑制作用。所以底物浓度不是越高越好，而是要确定一个适宜的底物浓度。

反应器中酶浓度与反应体系的 V_{max} 相关，增加酶浓度可以在一定范围内提高整体反应速率。但是酶浓度并非越高越好，因为酶浓度增加，酶用量亦增加，过高的酶浓度会造成浪费、提高生产成本。酶浓度的确定要考虑酶本身的生产成本和在整个反应成本中所占的比例，以及反应时间对设备使用效率的影响等多种因素。

酶促反应在最适条件下进行，温度、pH 采用最适值或考虑对酶的稳定性的影响，控制在其附近。

8.4.3.2 计算底物用量

酶的催化作用是在酶的作用下将底物转化为产物的过程，所以酶反应器的设计首先要根据产品产量的要求、产物转化率和收得率，计算所需的底物用量。

产品的产量是物料衡算的基础，通常用年产量（P，kg/a）表示。在物料衡算时，分批反应器一般根据每年实际生产天数（一般按每年生产 300d 计算）转换为日产量（P_d）进行计算；对于连续式反应器，一般采用每小时获得的产物量（P_h）进行衡算。

产物转化率（$Y_{p/s}$）是指底物转化为产物的比率。在催化反应的副产物可以忽略不计的情况下，产物转化率可以用反应前后底物浓度的变化与反应前底物浓度的比率表示。产物转化率的高低直接关系到生产成本的高低，与反应条件、反应器的性能和操作工艺等有关，在设计反应器的时候就要充分考虑如何提高产物转化率。

收得率（R）是指分离得到的产物量与反应生成的产物量的比值，收得率的高低与生产成本密切相关，主要取决于分离纯化技术及其工艺条件。收得率在设计反应器进行底物用量的计算时是一个重要的参数。根据所要求的产物产量、产物转化率和产物收得率，可以按照下式计算所需的底物用量，即

$$S = \frac{P}{Y_{p/s} \cdot R}$$

式中，S 为所需的底物用量，kg 或 g；P 为反应产物的产量，kg 或 g；$Y_{p/s}$ 为产物转化率，%；R 为产物收得率，%。

8.4.3.3 计算反应液总体积

根据所需的底物用量和底物浓度，就可以计算得到反应液的总体积。对于分批式反应器，一般采用每天所需的底物用量（S_d）进行计算，获得每天的反应液总体积（V_d）。对于连续式反应器，则以每小时所需的底物用量（S_h）进行计算，获得每小时的反应液总体积（V_h）。

8.4.3.4 计算酶用量

根据催化反应所需的酶浓度和反应液体积，就可以计算所需的酶量（以活力单位 U 表示）。

例题：所需的酶浓度为 8U/L，每天的反应液总体积为 5000L，如果酶制剂的含量为 1000U/g，每天需要用酶制剂多少克？（答案：40g）

8.4.3.5 计算反应器数目

根据上述计算得到的反应液总体积，一般不采用一个足够大的反应器，而是采用两个以上的反应器。为了便于设计和操作，通常要选用若干个相同的反应器。这就要确定反应器的有效体积和反应器的数目。

反应器的有效体积是指酶在反应器中进行催化反应时，单个反应器可以容纳反应液的最大体积，一般反应器的有效体积为反应器总体积的 70%～80%。

对于分批式反应器，可以根据每天获得的反应液的总体积、单个反应器的有效体积和底物在反应器内的停留时间，计算所需反应器的数目。计算公式如下：

$$N = \frac{V_d}{V_0} \cdot \frac{t}{24}$$

式中，N 为反应器数目，个；V_d 为每天获得的反应液总体积，L/d；V_0 为单个反应器的有效体积，L；t 为底物在反应器中的停留时间，h；24 指每天有 24h。

对于连续式反应器，可以根据每小时获得的反应液体积、反应器的有效体积和底物在反应器内的停留时间，计算反应器的数目。计算公式如下：

$$N = \frac{V_h \cdot t}{V_0}$$

式中，N 为反应器数目，个；V_h 为每小时获得的反应液体积，L/h；V_0 为单个反应器的有效体积，L；t 为底物在反应器中的停留时间，h。

连续式反应器还可以根据其生产力计算反应器的数目。反应器的生产力是指反应器每小时每升反应液所生产的产物质量（以克计），可以用每小时获得的产物产量与反应器的有效体积的比值表示。计算公式如下：

$$Q_p = \frac{P_h}{V_0}$$

式中，Q_p 为反应器的生产强度，g/(L·h)；P_h 为每小时获得的产物量，g/h；V_0 为每个反应器的有效体积，L。

连续反应器的数目（N）与反应液的生产强度（Q）的关系可用下式表示：

$$N = \frac{Q_p \cdot t}{[P]}$$

式中，N 为反应器数目，个；[P]为反应液中所含的产物浓度，g/L；t 为底物在反应器中的停留时间，h。

思考：前述章节中，酶生产和应用的场景都是水溶液体系，酶在非水的介质（如有机溶剂、气相）中能进行催化反应吗？

产出评价

自主学习

设计年产 10 万吨果葡糖浆的葡萄糖异构酶反应器。

单元测试

单元测试题目

9 酶的非水相催化

酶在有机溶剂、超临界流体等非水介质中的催化称为酶的非水相催化。反应介质的改变可使酶的表面结构和活性中心发生某些改变，从而改进酶的催化特性。

酶在食品、轻工、环保等各领域的应用多数是在水溶液中进行的，有关酶的催化理论也是基于酶在水溶液中的催化反应而建立起来的，在其他介质中，酶往往不能催化，甚至会变性失活。因此，以前人们普遍认为只有在水溶液中酶才具有催化活性。

但对于大多数有机化合物来说，水并不是一种适宜的溶剂。因为许多有机化合物（底物）在水介质中难溶或不溶。此外，由于水的存在，往往有利于如水解、消旋化和分解等副反应的发生。人们禁不住思索，是否存在非水介质也能进行酶的催化？

1984 年，克利巴诺夫（Klibanov）等在含微量水的有机介质中进行了酶催化反应的研究，他们成功地利用酶在有机介质中的催化作用，获得酯类、肽类、手性醇等多种有机化合物，研究成果发表在《科学》上。酶在非水介质（non-aqueous media）中的催化作用研究取得了突破性的进展，改变了只有在水溶液中酶才具有催化活性的传统观念。

从此，人们相继开展了有机介质中酶催化作用的诸多研究，结果表明，脂肪酶、蛋白酶、纤维素酶、淀粉酶等水解酶，过氧化氢酶、过氧化物酶、醇脱氢酶、胆固醇氧化酶、多酚氧化酶、细胞色素氧化酶等氧化还原酶及醛缩酶等转移酶中的十几种酶都可以在适当的有机溶剂介质中发挥催化作用。在理论上进行了非水介质中酶的结构与功能、非水介质中酶的作用机制、非水介质中酶催化作用动力学等方面的研究，初步建立起非水酶学的理论体系。利用酶在非水介质中的催化作用进行多肽、酯类等的合成，甾体转化，功能高分子的合成，手性药物的拆分等方面均取得显著成果。

9.1 概述

9.1.1 酶催化反应的非水相介质

酶催化反应需要在一定的反应体系中进行。反应体系的组成对酶分子的催化活性、酶的稳定性、酶催化作用底物和催化反应产物的溶解度及其分布状态、酶催化反应速度等都有显著影响。酶催化反应体系主要有水溶液、有机溶剂、气相、超临界流体和离子液等，其中水溶液是常规的酶反应体系，其他的反应体系统称为非水介质反应体系，其中以有机介质研究最多，应用最广泛。

超临界流体是固态、液态、气态之外的一种物质状态。固态、液态、气态三态之间相互转化的温度和压力称为三相点，相图见图9-1。当把处于气液平衡的物质升温升压时，热膨胀引起液体密度减少，压力升高使气液两相的界面消失，成为均相体系，这一点称为临界点。高于临界温度和临界压力以上的流体是超临界流体。超临界流体既不是液体也不是气体，是一种气液不分的状态。超临界流体处于超临界状态，对温度和压力的改变十分敏感，具有十分独特的物理性质，它的黏度低、密度大，有良好的流动、传质、传热和溶解性能，因此被广泛用于节能、天然产物萃取、聚合反应、超微粉和纤维的生产、喷料和涂料、催化过程和超临界色谱等领域。

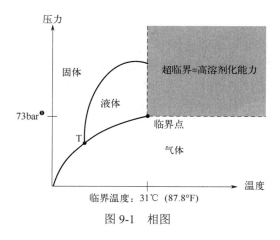

图 9-1   相图

离子液体是指在室温或接近室温下呈现液态的融盐，通常由特定的有机阳离子和无机阴离子构成，可通过改变阳离子和阴离子种类而改变离子液体的理化性质。离子液体不仅具有传统有机溶剂的优势，而且相比有机溶剂表现出很多独特的理化性质，如室温下稳定性好、蒸气压低、不可燃、溶解能力强和导电性好等。离子液体作为有机溶剂的替代品一直应用于有机合成、电化学等领域，具有广阔的应用前景。

9.1.2　酶非水相催化的优势

酶在非水介质中催化与在水相中催化相比，具有下列显著特点。

9.1.2.1　酶的热稳定性提高

许多酶在非水介质中的热稳定性比在水溶液中的热稳定性更好。例如，胰脂肪酶在水溶液中，100℃时很快失活，而在有机介质中100℃时的半衰期却长达数小时。

---

❶　$1bar = 10^5 Pa$。

9.1.2.2　水解酶可以在非水介质中催化水解反应的逆反应

水解酶在水溶液中只能催化底物进行水解反应，由于水的大量存在，无法催化其逆反应，而在非水介质中，水解酶可以催化水解反应的逆反应，如脂肪酶催化酯类合成、蛋白酶催化多肽合成等。

9.1.2.3　非极性底物或者产物的溶解度增加

非极性物质在水中的溶解度低，在非水介质中，可以提高非极性底物或产物的溶解度，从而提高反应速度。

9.1.2.4　酶的底物特异性和选择性有所改变

在非水介质中，由于酶分子活性中心的结合部位与底物之间的结合状态发生某些变化，致使酶的底物特异性和选择性发生改变。

9.2　酶在有机介质中的催化

9.2.1　有机介质反应体系

常见的有机介质反应体系包括以下几种。

9.2.1.1　微水介质（microaqueous media）体系

微水介质体系是由有机溶剂和微量的水组成的反应体系，是在有机介质酶催化中广泛应用的一种反应体系。微量的水主要是酶分子的结合水，它对维持酶分子的空间构象和催化活性至关重要。另外有一部分水分配在有机溶剂中。由于酶分子不能溶解于疏水有机溶剂，所以酶以冻干粉或固定化酶的形式悬浮于有机介质之中，在悬浮状态下进行催化反应。通常所说的有机介质反应体系主要是指微水介质体系。

9.2.1.2　水与水溶性有机溶剂组成的均一体系

这种均一体系是由水和极性较大的有机溶剂互相混溶组成的反应体系。体系中水和有机溶剂的含量均较大，由于水和有机溶剂互相混溶，于是组成了均一的反应体系。酶和底物都是以溶解状态存在于均一体系中。由于极性大的有机溶剂对一般酶的催化活性影响较大，所以能在该反应体系进行催化反应的酶较少。然而该体系近几年来却受到人们极大的关注。这是因为辣根过氧化物酶可以在此均一体系中催化酚类或芳香胺类底物聚合生成聚酚或聚胺类物质。这些聚酚、聚胺类物质在环保黏合剂、导电聚合物和发光聚合物等功能材料的研究开发方面的应用引起了人们极大的兴趣。

9.2.1.3　水与水不溶性有机溶剂组成的两相或多相体系

这种体系是由水和疏水性较强的有机溶剂组成的两相或多相反应体系。游离酶、亲水性底物或产物溶解于水相，疏水性底物或产物溶解于有机溶剂相。如果采用固定化酶，则以悬浮形式存在两相的界面。催化反应通常在两相的界面进行。一般适用于底物和产物两者或其中一种属于疏水化合物的催化反应。该体系酶催化的研究较少，应用不广泛。

9.2.1.4　（正）胶束体系

胶束又称为正胶束或正胶团，是在大量水溶液中含有少量与水不相混溶的有机溶剂加入表面活性剂后形成的水包油的微小液滴。表面活性剂的极性端朝外，非极性端朝内，有机溶剂包在液滴内部。反应时，酶在胶束外面的水溶液中，疏水性的底物或产物在胶束内部。反应在胶束的两相界面上进行。

9.2.1.5　反胶束体系

反胶束又称为反胶团，是指在含有少量水的与水不相混溶的有机溶剂中加入表面活性剂后形成的油包水的微小液滴。表面活性剂的极性端朝内，非极性端朝外，水溶液包在胶束内部。反应时，酶分子在反胶束内部的水溶液中，疏水性底物或产物在反胶束外部，催化反应在两相的界面中进行。在反胶束体系中，由于酶分子处于反胶束内部的水溶液中，稳定性较好。反胶束与生物膜有相似之处，适用于处于生物膜表面或与膜结合的酶的结构、催化特性和动力学性质的研究。

在上述各种有机介质酶反应体系中，研究最多、应用最广泛的是微水介质体系。故此，本章以微水介质体系为主，介绍酶在有机介质中催化的特性、条件、影响因素及其应用。

不管采用何种有机介质反应体系，酶催化反应的介质中都含有机溶剂和一定量的水，它们都对催化反应有显著的影响，现分述如下。

9.2.2　水对酶催化的影响

酶都溶于水，只有在一定量的水存在的条件下，酶分子才能进行催化反应。所以酶在有机介质中进行催化反应时，水是不可缺少的成分之一。有机介质中的水含量多少与酶的空间构象、酶的催化活性、酶的稳定性、酶的催化反应速度等都有密切关系，水还与酶催化作用的底物和反应产物的溶解度有关。

9.2.2.1　水与酶的柔性相关

蛋白质分子有相对刚性（rigidity）和柔性（fexibility）两个部分。依据酶与底物的诱导契合原理，酶活性口袋保持一定的柔性是其表现出相应催化活性所必需的条件。在酶与底物结合这个双方诱导契合的过程中，其相互作用过程使酶和底物的分子都要发生微小的构象变化。由于酶分子的构象主要由静电作用力、范德华力、疏水作用以及氢键等作用来维持，而水分子可以直接或间接地参与这些非共价作用力的形成或维持，显示出其作为类似于润滑剂和增塑剂的功能。所以，酶分子的结构必须有一定的"柔性"，使其能趋向于最佳催化状态所需的构象变化。而在含水量过高时，会使酶的柔性过大，也会导致酶的变性及失活。因此，在酶催化体系中，只有其水含量达到最适水量时，酶结构的动力学刚性与热力学稳定性之间达到最好的平衡，此时，酶具有最大的催化活性。

9.2.2.2　必需水

酶催化反应体系中的水可以分为：溶剂水和结合水。其中，体系中占 98% 的绝大多数的水被称为溶剂水，而紧密地结合在酶分子表面的少部分水被称为结合水。在酶的生物催化过程中，底物分子须先从主体的有机相进入酶表面的微水相，然后与酶形成底物-酶复合物，从而进一步发生催化反应。结合水充当润滑剂的作用，能够增加酶的柔性，从而使酶的活性构象能够得到维持，对酶的正常结构和催化活性的维持起到至关重要的作用，因此结合水又称必需水（essential water）。必需水是维持酶分子结构中氢键、盐键等副键所必需的，氢键和盐键是酶空间结构的主要稳定因素。酶分子一旦失去必需水，其空间构象必将被破坏而失去其催化功能。

必需水与酶分子的结构和性质有密切关系，不同的酶，所要求的必需水的量差别很大。例如，每分子胰凝乳蛋白酶只需 50 分子的水就可维持其空间构象而进行正常的催化反应；而每分子多酚氧化酶却需 350 个水分子才能显示其催化活性。此外，在不同的有机溶剂中，同一种酶达到相同的反应速度时溶剂中水分含量也并不相同。在亲水性的溶剂中获得相同催化活力所需的含水量比在疏水性溶剂中要高。

水活度 A_w 是反映酶催化体系中水分情况的一个参数，是反应体系中水的摩尔分数 x_w 与水活度系数 γ_w 的乘积，即 $A_w=x_w \cdot \gamma_w$，γ_w 是溶剂水活度系数，溶剂的疏水性越大其越大。对给定的 A_w 来说，疏水性溶剂所需的水量比亲水性溶剂的需水量少。许多研究表明，在有机相酶催化反应过程中，每个特定的酶都在相同的最佳水活度下表现出最大的催化活性，与溶剂的极性无关；而酶催化反应的最佳水活度都在 0.55 左右。

9.2.3 有机介质对酶催化的影响

9.2.3.1 有机介质对酶结构的影响

在非水相体系中，大多数有机溶剂无法与蛋白结构形成多种氢键；此外，有机溶剂的介电常数一般较低，还会使蛋白质带电基团之间的静电作用加强，就会增加蛋白质的"刚性"，导致酶在有机溶剂中比在水溶液中的稳定性更好、活性更低。

在有机溶剂中，酶分子不能直接溶解，而是悬浮在溶剂中进行催化反应。由于酶分子的特性和有机溶剂的特性的不同，保持其空间结构完整性的情况也有差别。

有些酶在有机溶剂的作用下，其空间结构会受到某些破坏，从而使酶的催化活性受到影响甚至引起酶的变性失活。例如，碱性磷酸酶冻干粉悬浮于乙腈中 20h，60% 以上的酶不可逆地变性失活；悬浮在丙酮中 36h，75% 以上的酶呈现不可逆的失活。

有些酶，如脂肪酶、蛋白酶、多酚氧化酶等，在有机溶剂中其整体结构和活性中心基本上保持完整，能够在适当的有机介质中进行反应，然而也可能对酶的活性中心产生一定的影响。有一部分溶剂能渗入酶分子的活性中心，与底物竞争性结合活性位点，或者降低活性中心的极性，降低底物结合能力，从而影响酶的催化活性。例如，辣根过氧化物酶在甲醇中催化时，甲醇分子可以进入酶的活性中心，与卟啉铁配位结合。

9.2.3.2 有机溶剂对酶催化活性的影响

有些有机溶剂，特别是极性较强的有机溶剂，如甲醇、乙醇等，会夺取酶分子的结合水，影响酶分子微环境的水化层，从而降低酶的催化活性，甚至引起酶的变性失活。所以在有机介质酶催化过程中，应选择好所使用的溶剂，控制好介质中的含水量，或者经过酶分子修饰提高酶分子的亲水性，以免酶在有机介质中因脱水作用而影响其催化活性。

9.2.3.3   有机溶剂对底物和产物分配的影响

酶在有机介质中进行催化反应，酶的作用底物首先必须进入必需水层，然后才能进入酶的活性中心进行催化反应。反应后生成的产物也首先分布在必需水层中，然后才从必需水层转移到有机溶剂中。产物必须移出必需水层，酶催化反应才能继续进行下去。

有机溶剂能改变酶分子必需水层中底物和产物的浓度，如果有机溶剂的极性很小，疏水性太强，则疏水性底物虽然在有机溶剂中溶解度大，浓度高，但难于从有机溶剂中进入必需水层，与酶分子活性中心结合的底物浓度较低，而降低酶的催化速度；如果有机溶剂的极性过大，亲水性太强，则疏水性底物在有机溶剂中的溶解度低，底物浓度降低，也使催化速度减慢。所以应该选择极性适中的有机溶剂作为介质使用。

9.2.4   酶在有机相中的特性

9.2.4.1   酶的热稳定性更好

在无水状态下酶分子构象的刚性较强，且缺少在水相体系中可能会引起的酶的脱氨基、天冬氨酸键的水解、半胱氨酸的氧化、二硫键的破坏等，因此酶在无水的有机溶剂中比在水相体系中具有更好的热稳定性。例如，胰脂肪酶在水溶液中，100℃时很快失活；而在有机介质中，在相同的温度条件下，半衰期却长达数小时。胰凝乳蛋白酶在无水辛烷中，于20℃保存5个月仍然可以保持其活性，而在水溶液中，其半衰期却只有几天。

延伸阅读

9.2.4.2   酶的催化活性有所降低

酶在有机溶剂的作用下，其空间结构会受到某些破坏，从而使酶的催化活性受到影响甚至引起酶的变性失活。例如，碱性磷酸酶冻干粉悬浮于乙腈中20h，60%以上的酶不可逆地变性失活；悬浮在丙酮中36h，75%以上的酶呈现不可逆的失活等。

有些有机溶剂，特别是极性较强的有机溶剂，如甲醇、乙醇等，会夺取酶分子的结合水，影响酶分子微环境的水化层，从而降低酶的催化活性，甚至引起酶的变性失活。研究表明，有机溶剂的极性越强，越容易夺取酶分子结合水，对酶催化活性的影响就越大。

9.2.4.3   酶的催化特异性发生变化

酶催化反应的最重要特点是具有精准的特异性及选择性，一般认为要改变酶的选择性，需要对酶分子进行特定的修饰，如定向进化等。但酶在有机相中反应时不再遵守这个规律，当从一种溶剂转入另一种溶剂时酶的特异性会发生显著变化。酶的这些特异性包括底物特异性、立体选择性、区域选择性和化学键选择性。

在有机介质中，由于酶分子活性中心的结合部位与底物之间的结合状态发生某些变化，酶的底物特异性会发生改变。在水溶液中，底物与酶分子活性中心的结合主要依靠疏水作用，所以疏水性较强的底物，容易与活性中心部位结合，催化反应的速度较快；而在有机介质中有机溶剂与底物之间的疏水作用比底物与酶之间的疏水作用更强。结果疏水性较强的底物容易受有机溶剂的作用，反而影响其与酶分子活性中心的结合。在不同的有机介质中，酶的底物专一性也不一样。一般说来，在极性较强的有机溶剂中，疏水性较强的底物容易反应；而在极性较弱的有机溶剂中，疏水性较弱的底物容易反应。

在有机介质中，由于介质的特性发生改变，酶的立体选择性也发生改变。酶在水溶液中催化的立体选择性较强，而在疏水性强的有机介质中，酶的立体选择性较差。例如，蛋白酶在水溶液中只对含有 L-氨基酸的蛋白质起作用，水解生成 L-氨基酸，而在有机介质中，某些蛋白酶可以用 D-氨基酸为底物合成由 D-氨基酸组成的多肽等。这一点在手性药物的制造中有重要应用。

此外，在有机介质中，酶的区域选择性和键选择性也会发生改变。而且，上述两种选择性与酶的来源和有机介质的种类有关。

9.2.4.4　酶具有记忆功能

9.2.4.4.1　分子记忆

根据分子识别理论，酶与配体（如竞争性抑制剂）在水溶液中相互作用时，酶活性部位的结构在配体诱导下发生变化，形成和配体契合的结构。脱水干燥，甚至用无水溶剂去除配体后，这种构象的变化仍然保留着，酶获得与配体类似物结合的能力，称为分子记忆。当酶处在无水体系中时，由于酶在有机溶剂中能够保持着刚性，这个印记仍然能够保持其存在。但是如果将其重新溶解在水相中，由于酶蛋白的柔性增强，印记会消失，酶恢复至其原始构象。如图 9-2，球形代表酶分子，酶上开口处表示酶的活性位点，矩形代表配体。Klibanov 团队曾利用枯草杆菌蛋白酶的竞争性抑制剂（N-Ac-Tyr-NH$_2$），制备了枯草杆菌蛋白酶的"分子记忆酶"。该"分子记忆酶"在有机相中的酶活性能够达到无配体冷冻干燥的酶活性的 100 倍以上，但在水溶液中活性与未印记酶相同。

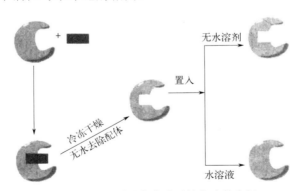

图 9-2　配体诱导产生酶活性位点的印记

9.2.4.4.2　pH 记忆

研究发现，在有机溶剂中酶的催化活性与酶脱水干燥前所处缓冲液中的 pH 和离子强度密切相关。可见，酶分子能够"记住"最后保存其的水溶液的 pH，这种现象被称为"pH 记忆"。这有两方面的原因，一方面，有机溶剂无法改变蛋白质带电基团的离子化状态，因此酶在有机溶剂中应与该酶的水溶液的化学状态保持一致；另一方面，酶在有机溶剂中结构刚性得到了增强，保持了之前在最适 pH 环境的水溶液中带电官能团正确的离子化状态，对于保持酶的稳定性及正常生物活性都具有重要的作用。

9.3　其他非水相体系中的酶催化

9.3.1　气相介质中的酶催化

气相介质中的酶催化是指酶在气相介质中进行的催化反应。气相催化体系中，大多数情况下底物是以气态形式存在，反应体系中一般没有液态溶剂存在，使产物的分离相对比较容易，这是该催化系统的显著优点。酶在气相介质中的催化也是需要必需水的存在，酶活性在一定范围内随着水含量的增加而增加，但酶的热稳定性会下降。如氢化酶的天然底物是气态氢，催化氢分子时，水分子不参与反应，但必须有少量的水存在。

气相介质中酶以固态形式存在，由于不存在液相系统中的酶的解吸附问题，因此，可以使用一些非常简单温和的方法进行酶的固定化，如吸附固定。催化时，气态底物连续通过固定化酶柱，形成气态产物，随气体流出，这种操作形式可以大大提高酶的催化效率，同时也便于自动化生产。

目前，在气相介质中催化的酶主要有氢化酶、醇氧化酶、醇脱氢酶、脂肪酶等。

9.3.2　无溶剂体系中的酶催化

无溶剂体系中的酶催化是以纯底物作为反应溶剂，酶直接作用于反应底物，没有其他溶剂的稀释和参与。无溶剂体系中的酶催化具有底物和产物浓度高、反应速度快、对环境污染小等优点。但也存在着底物是固体时酶活性中心和底物难接触、反应散热难、难以大规模自动化生产等缺点。

与有机溶剂、气相反应体系类似，无溶剂体系中水是维持蛋白酶催化活性所必需的，也不是绝对无水，一般水含量低于 0.01%。脂肪酶催化植物油与甲醇发生酯交换反应，当完全没有水时，脂肪酶几乎不发生作用，在含有底物量的 4%～30%的水量时，脂肪酶可以有效地催化反应。

在无溶剂体系中，特别是固体物质参与的反应，需要加入一定量的辅助剂，如亲水性的含氧有机溶剂醇、酮、酯等。辅助剂的主要作用是加快体系中液相的形成，改善体系的性质，提高反应速度。对于液-固形式的无溶剂体系，混合程度也是非常重要的。目前用于无溶剂体系酶催化的有搅拌桨式反应器及流化床反应器，其中搅拌桨式反应器特别适用于高黏度固-液混合。

9.3.3　超临界流体中的酶催化

超临界流体是当温度和压力都处于临界点以上时，形成的性质介于液体和气体之间的流体。超临界流体的密度与液体较为接近，因此具有和液体类似的溶解能力；超临界流体的黏度接近气体的黏度，其扩散系数也接近于气体，是通常液体的近百倍，有利于物质的扩散。在超临界状态下，随温度、压力的变化流体的密度等特性也随之变化。鉴于超临界流体的独特性，其化学反应的选择性、反应速率、化学平衡以及催化剂使用寿命等表现出传统反应无法替代的优势。目前研究的超临界流体中的酶反应主要是酯化、酯交换、醇解、水解、氧化等反应,研究最多的是脂肪酶。

超临界流体反应体系中的固相(酶及载体)也必须含有水,水的存在是为了维持酶的活性及其构象。最佳含水量受所用流体的极性、酶的载体、酶催化反应类型等因素的影响。如酶在亲水性溶剂中催化较在疏水性溶剂中催化需要的含水量要低,因为亲水性溶剂使得分配到酶中的水减少。

超临界流体的选择首先应遵循两个最基本的原则:一是酶在超临界流体中必须具有较高的活性;二是超临界流体的临界温度与酶的最适反应温度接近,因为温度过高会引起蛋白质变性,使酶失活。目前,最常用超临界流体是 CO_2。

超临界流体 CO_2 具有一些独特的优点,超临界点的温度为 31.1℃,接近酶的最适反应温度,超临界点的压力为 7.4MPa,在实际工业应用中比较容易达到,而且 CO_2 无毒、价格便宜、不存在环境污染问题。此外,利用超临界二氧化碳既作反应物又作反应溶剂的特点,可将二氧化碳转换为环碳酸酯、聚碳酸酯、甲醇等高附加值产品。超临界二氧化碳对氢气、氧气等气体有较好的溶解能力,可用于催化加氢、催化氧化等反应。超临界二氧化碳催化加氢生成甲酸、甲酸甲酯等有机物,为解决二氧化碳引起温室效应的问题提供了新方向。

9.3.4 离子液体中的酶催化

离子液体(或称离子性液体)是指全部由离子组成的液体,如高温下的 KCl、KOH 呈液体状态,此时它们就是离子液体。在室温或室温附近温度下呈液态的自由离子构成的物质,称为室温离子液体。在离子化合物中,阴阳离子之间作用力的大小与阴阳离子的电荷数量及半径有关,离子半径越大,它们之间的作用力越小,这种离子化合物的熔点就越低。

室温离子液体一般由有机阳离子和无机或有机阴离子构成,常见的阳离子有季铵盐离子、季磷盐离子、咪唑盐离子和吡咯盐离子等,阴离子有卤素离子、四氟硼酸根离子、六氟磷酸根离子等。研究的室温离子液体中,阳离子主要以咪唑阳离子为主,阴离子主要以卤素离子和其他无机酸离子(如四氟硼酸根等)为主。

与传统的水、有机溶剂和电解质相比,离子液体具有以下特点:①无味、不燃,蒸气压极低,不易挥发,使用中不会给环境造成很大污染;②溶解性能强,对有机和无机物都有良好的溶解性;③可操作温度范围宽(-40~300℃),具有良好的热稳定性和化学稳定性。对许多聚合反应、烷基化反应、酰基化反应,离子液体都是良好的溶剂。

离子液体的水溶性变化很大且难以预测,有的能与水互溶,有的却与水不相溶。但离子液体具有吸湿性,能吸收 1%的水分,干燥处理后的离子液体仍残留部分水,残留的水分会影响离子液体的性质。

酶在离子液体中的催化活性与酶的种类有关,多种酶能在离子液体中保持活性。但也有某些酶,如纤维素酶、过氧化物酶和蛋白酶等在离子液体中的活性会降低,甚至丧失。

酶在离子液体中的活性还与离子液体和酶的相溶性有关。某些酶不溶于离子液体时具有活性,溶解在离子液体中时则会失活。脂肪酶在 5 种水饱和的离子液体中催化外消旋萘普生甲酯水解时,酶的剩余活性随其在离子液体中溶解度的增大而减小。此外,离子液体的组成及溶剂性质也会影响酶的活性。

9.4　酶非水相催化的应用

　　酶在非水介质中能催化多种反应，如合成反应（如酯、肽的合成）、转移反应（如转酯）、醇解反应（在醇溶液中分解，类似于水解）、氨解反应（类似于水解）、异构反应（消旋，制备异构体）、氧化还原反应和裂合反应等，已应用在手性药物拆分、大分子物质合成等多个方面（表 9-1）。

表 9-1　酶在非水相中催化反应类型及应用

酶	催化反应	应用
脂肪酶	肽合成	青霉素 G 前体肽合成
	酯合成	醇与有机酸合成酯类
	转酯	酯类生产，一种酯转换成另一种酯
	氨解	苯甘氨酸甲酯拆分为酰胺
	醇解	酸酐醇解为二酸单酯化合物
蛋白酶	肽合成	合成多肽
	酰基化	糖类的酰基化
羟基化酶	氧化	甾体转化
过氧化物酶	聚合	酚类、胺类聚合
多酚氧化酶	氧化	芳香化合物羟基化
醇脱氢酶	酯化	有机硅醇的酯化
异构酶	异构	D 型消旋成 L 型

延伸阅读

延伸阅读

延伸阅读

9.4.1　手性药物的拆分

　　手性化合物是指化学组成相同，而其立体结构互为对映体的两种异构体化合物。目前世界上化学合成药物中的 40% 左右属于手性药物。手性药物可以分为下列五种类型：①一种对映体有显著疗效，另一种对映体疗效很弱或者没有疗效；②一种对映体有疗效，另一种却有毒副作用；③两种对映体的药效相反；④两种对映体具有各自不同的药效；⑤两种对映体的作用具有互补性。

　　只有在第五类的情况下才能直接使用合成的两种对映体混合物，其他四类的手性药物，都需要进行对映体的拆分。

　　酶在手性化合物拆分方面的研究、开发和应用越来越广泛。如 2,3-环

延伸阅读

氧丙醇单一对映体的衍生物是一种多功能手性中间体，可以用于合成 β-受体阻断剂、艾滋病病毒（HIV）蛋白酶抑制剂、抗病毒药物等多种手性药物。用猪胰脂肪酶（PPL）等在有机介质体系中对 2,3-环氧丙醇丁酸酯进行拆分，得到单一的对映体。脂肪酶可在有机介质体系中对 2-芳基丙酸进行消旋体的拆分，可以得到 S 构型的活性成分，其衍生物是多种治疗关节炎、风湿病的消炎镇痛药物，如布洛芬、酮基布洛芬、萘普生等的活性成分。

9.4.2 高分子聚合物的制备

利用脂肪酶等水解酶在有机介质中的催化作用，可以合成多种具有手性的聚合物，用作可生物降解的高分子材料、手性物质吸附剂等。利用脂肪酶在甲苯等有机介质中的催化作用，将选定的有机酸和醇的单体聚合，可以得到可生物降解的聚酯。例如，猪胰脂肪酶在甲苯介质中，催化己二酸氯乙酯与 2，4-戊二醇反应，聚合生成可生物降解的聚酯。

$$ClCH_2CH_2OOC(CH_2)_4COOCH_2CH_2Cl + CH_3CH(OH)CH_2CH(OH)CH_3$$

$$\xrightarrow{\text{猪胰脂肪酶}} \text{聚酯}$$

辣根过氧化物酶在二氧六环与水混溶的均一介质体系中，可以催化苯酚等酚类物质聚合，生成的高分子酚类聚合物可作环保黏合剂，可避免传统黏合剂中含有的甲醛污染环境的问题。

辣根过氧化物酶可以在与水混溶的有机介质（如丙酮、乙醇、二氧六环等）中，催化苯胺聚合生成具有导电性能的聚苯胺。聚苯胺可以用于飞行器的防雷装置、衣物的表面抗静电和用作雷达、屏幕等的微波吸收剂等。

9.4.3 食品添加剂的生产

嗜热菌蛋白酶在有机介质中可以催化 L-天冬氨酸与 L-苯丙氨酸甲酯反应生成天苯肽。天苯肽甜味纯正，甜度为蔗糖的 150～200 倍，已广泛用作多种食品的甜味剂，其合成反应式如下：

(L-天冬氨酸)　　　　　　　　　(L-苯丙氨酸甲酯)

(天苯肽，L-天冬氨酰-苯丙氨酸甲酯)

9.4.4 生产生物柴油

生物柴油是由甲醇或乙醇等小分子醇类物质与动物油、植物油或微生物油脂中的主要成分甘油三酯发生酯交换反应而得到的脂肪酸甲酯或乙酯。作为一种新型的清洁能源燃料，生物柴油具有可再生、可生物降解、环境友好等优良的品性，可部分或全部替代石化柴油。

虽然可以采用碱作为催化剂，催化转酯化反应使甘油三酯转化为相应的脂肪酸甲酯。但生产过程工艺复杂，甲醇必须过量，后续醇回收较为繁琐，同时废碱液排放会造成环境污染。

在有机介质中，脂肪酶可以催化油脂与小分子醇（甲醇或乙醇）的酯交换反应，生成生物柴油，其合成反应如下：

延伸阅读

$$
\begin{array}{c}
CH_2-O-\overset{\displaystyle O}{\overset{\|}{C}}-R_1 \\
CH-O-\overset{\displaystyle O}{\overset{\|}{C}}-R_2 \quad + \quad 3R'OH \quad \underset{\triangle}{\overset{催化剂}{\rightleftharpoons}} \quad \begin{array}{c} CH_2-OH \\ CH-OH \\ CH_2-OH \end{array} \quad + \quad \begin{array}{c} R'-O-\overset{\displaystyle O}{\overset{\|}{C}}-R_1 \\ R'-O-\overset{\displaystyle O}{\overset{\|}{C}}-R_2 \\ R'-O-\overset{\displaystyle O}{\overset{\|}{C}}-R_3 \end{array} \\
CH_2-O-\overset{\displaystyle O}{\overset{\|}{C}}-R_3
\end{array}
$$

动植物油脂　　　　短链醇　　　　甘油　　　　　　　生物柴油

9.4.5　合成多肽

在体外，多肽和蛋白质的水解比较容易，用蛋白酶在水溶液中催化即可。但在水溶液中进行合成相对比较困难。不过在有机介质中，已实现多肽的合成。例如，α-胰蛋白酶可以催化 N-乙酰色氨酸与亮氨酸合成二肽，该反应在水溶液中进行时，合成率不到 0.1%，而在乙酸乙酯和微量水组成的系统中，合成率可达 100%；嗜热菌蛋白酶可以在有机介质中催化 L-天冬氨酸与 D-丙氨酸缩合生成天丙二肽等。

> 思考：本书涉及的酶主要是指具有催化活性的蛋白质（即蛋白类酶），另外在绪论中简单介绍了核酸类酶。除了这两类酶之外，还有没有其他酶呢？

产出评价

自主学习

查阅文献，归纳总结脂肪酶在非水介质中的催化反应及其功能。

单元测试

单元测试题目

参考文献

[1] 陈守文. 酶工程[M]. 第 2 版. 北京: 科学出版社, 2015.

[2] 罗贵民, 高仁钧, 李正强, 等. 酶工程[M]. 第 3 版. 北京: 化学工业出版社, 2016.

[3] 郭建华, 郭宏文, 邹东恢, 等. 食品发酵工业[J]. 2013, 39(11): 44-49.

[4] 郭勇. 酶工程[M]. 第 4 版. 北京: 科学出版社, 2016.

[5] 江正强, 杨绍青. 食品酶学与酶工程原理[M]. 北京: 中国轻工业出版社, 2018.

[6] 贾英民. 酶工程技术及其在农产品加工中应用[M]. 北京: 中国轻工业出版社, 2020.

[7] 李斌, 于国萍. 食品酶学与酶工程[M]. 北京: 中国农业大学出版社, 2021.

[8] 李冰峰, 刘蕾. 酶工程[M]. 第 3 版. 北京: 化学工业出版社, 2023.

[9] 李金根, 刘倩, 刘德飞, 等. 丝状真菌代谢工程研究进展. 生物工程学报[J]. 2021, 37(5): 1637-1658.

[10] 李珊珊. 发酵与酶工程[M]. 北京: 化学工业出版社, 2020.

[11] 李秀娟, 王明慧, 乔杰, 等. 先进生物技术在纤维素燃料乙醇中的应用及展望[J]. 生物加工过程, 2023, 21(5): 554-563.

[12] 李志国, 任敏, 闫清泉, 等. 不同来源脂肪酶对乳制品风味的影响[J]. 食品科技, 2022, 47(4): 33-37.

[13] 林影. 酶工程原理与技术[M]. 北京: 高等教育出版社, 2021.

[14] 刘宇飞, 曹颖, 常立业, 等. 毕赤酵母细胞工厂工程化改与应用[J]. 生物工程学报, 2023(11): 4376-4396.

[15] 马延和. 高级酶工程[M]. 北京: 科学出版社, 2022.

[16] 梅乐和, 岑沛霖. 现代酶工程[M]. 北京: 化学工业出版社, 2018.

[17] 苗朝悦, 杜乐, 王佳琦, 等. 重组蛋白在大肠杆菌体系中的可溶性表达策略[J]. 2023, 43(9): 33-45.

[18] 祁浩, 刘新利. 大肠杆菌表达系统和酵母表达系统的研究进展[J]. 安徽农业科学, 2016, 44(17): 4-6, 52.

[19] 孙彦. 酶工程原理和方法[M]. 北京: 化学工业出版社, 2024.

[20] 王杰, 王晨, 杜燕, 等. 枯草芽孢杆菌表达和分泌异源蛋白的研究进展[J]. 微生物学通报, 2021, 48(8): 2815-2826.

[21] 魏东芝. 酶工程[M]. 北京: 高等教育出版社, 2020.

[22] 杨丽娟, 王伟伟, 许勇泉, 等. 外源酶在红茶加工中的应用研究进展[J]. 食品工业科技, 2024, 45(7): 1-8.

[23] 郁蕙蕾, 张志钧, 李春秀, 等. 大数据时代工业酶的发掘、改造和利用[J]. 工业生物技术, 2016, 2: 48-55.

[24] 赵雪, 张展开, 张智宏. 酱油酿造过程中微生物及生物酶的研究进展[J]. 现代食品科技, 2024, 2: 1-9.

[25] 郑宏臣, 徐健勇, 杨建花, 等. 工业酶与绿色生物工艺的核心技术进展[J]. 生物工程学报, 2022, 38(11): 4219-4239.

[26] 周济铭. 酶工程[M]. 北京: 化学工业出版社, 2008.

[27] 朱泰承, 李寅. 毕赤酵母表达系统发展概况及趋势. 生物工程学报[J]. 2015, 31(6): 929-938.

[28] 邹国林, 刘德立, 周海燕, 等. 酶学与酶工程导论[M]. 北京: 清华大学出版社, 2021.

附录　自主学习实施方案

本书每个章节后均配套 1 个以上的自主学习任务，每个任务都包含完成任务的思路提示及教学目的。自主学习任务是落实学生能力素质培养及评价的重要载体，高质量开展本部分教学内容是用好本教材的关键。

1. 分组

以行政班为单位开展研讨课，以组为单位开展研讨。

教师需根据实际情况筛选拟开展的自主学习任务，并依据任务数量对班级学生进行分组，分组规模大致控制在 4～9 组。例如，若选择 3 个任务，建议将学生分为 6 组或 9 组，每 2 个组或 3 个组负责 1 个任务的 PPT 汇报；如果选择了 8 个任务，则每组负责 1 个任务的 PPT 汇报。考虑到各题目有难度差异，可以抓阄方式确定各组汇报主题。每组内部成员按不同职责进行分工，确保每个成员均能参与任务的不同环节。

2. 具体实施

每个章节结束后，即可进行该章节自主学习任务的研讨。抽到对应任务的组需准备 PPT 和汇报。

对于选定的自学任务，每个同学均需查阅资料自主学习，并形成个人报告。研讨课前，将报告上传至互评平台（如 Moodle 平台），隐去班级、学号、姓名等个人信息，以便同学之间互评。个人报告不作字数要求，以说明问题为核心，无须撰写摘要及参考文献。

研讨课上，每位同学需携带报告纸质版，在课堂讨论环节进行内容补充，研讨课后统一上交。鼓励全员参与讨论，每组至少发言一次，内容可包括对汇报内容的质疑、汇报质量的点评，或对未涉及知识点的补充。小组成员需现场回答提问，其他同学亦可参与补充。

研讨课后，教师批改个人报告时，将重点关注内容的独立性、分析深度及个人理解的阐释，尤其注意研讨课时的手写批注——该部分体现学生在讨论前后的学习收获，可作为区分个人学习成果的重要依据。

上大课时，教师根据学生课堂表现进行点评，形成系统性总结，同步展示优秀作业，引导学生对照任务的教学目标及优秀案例，开展自我收获评价。

点评结束后开展同学间互评。在平台互评环节，学生需依据以下标准评分：格式规范度、内容逻辑性、思路清晰度、创新性、分析深度、语言表达能力等，评分时需具体说明优缺点，具体互评要求以各任务采分点为准。

3. 成绩组成

互评成绩占比 30%，教师评价成绩占比 20%，个人表现成绩（研讨课发言、出勤）占比 20%，小组成绩（PPT 汇报质量、问题回答情况）占比 30%，其中 PPT 制作者与汇报者可获适当加分。

自主学习任务配套有实施方案、评分标准、往年学生作业范例及点评 PPT 等，有需要的教师可联系编者获取（主编邮箱：24274414@qq.com）。